儿童青少年
成长心理学

鞠　然◎著

西苑出版社
XIYUAN PUBLISHING HOUSE
·北京·

图书在版编目（CIP）数据

儿童青少年成长心理学 / 鞠然著 . -- 北京 : 西苑
出版社 , 2020.9
ISBN 978-7-5151-0762-2

Ⅰ . ①儿… Ⅱ . ①鞠… Ⅲ . ①儿童心理学②青少年心
理学 Ⅳ . ① B844

中国版本图书馆 CIP 数据核字 (2020) 第 111770 号

儿童青少年成长心理学

ERTONG QINGSHAONIAN CHENGZHANG XINLIXUE

责任编辑　汪昊宇　刘　崴
封面设计　张合涛
出版发行　西苑出版社 XIYUAN PUBLISHING HOUSE
地　　址　北京市朝阳区和平街 11 区 37 号楼 邮政编码：100013
电　　话　010-88636419
印　　刷　旭辉印务（天津）有限公司
经　　销　全国各地新华书店
开　　本　880mm×1230mm　1/32
字　　数　150 千字
印　　张　7
版　　次　2020 年 9 月第 1 版
印　　次　2020 年 9 月第 1 次印刷
书　　号　ISBN 978-7-5151-0762-2
定　　价　49.80 元

前言
preface

中华民族历来重视“家教”。古人说：“爱子，教之以义方。”还有“爱之不以道，适所以害之也”。孩子是父母、民族、整个人类的未来和希望。自古以来，人们都知道家长对于养育孩子负有重要责任，其往往可以影响孩子的一生。

“孟母三迁”“岳母刺字”的故事早已融入中国人美好的心灵和骨血中。诸葛亮诫子格言、《颜氏家训》《朱子家训》等，都是在倡导一种家风。毛泽东、周恩来、朱德等中国老一辈革命家都为子女后代留下了谆谆教诲、殷殷希望。

具有优良传统与深厚文化底蕴的中国家长，都渴望为孩子言传身教、教知识、育美德，渴望家庭能够成为承载孩子一生风雨的港湾，也成为孩子一生心灵的归宿。

“积善之家，必有余庆；积不善之家，必有余殃。”家庭的氛围好，就能和顺美满，子女成才，家道兴盛；家庭氛围不好，难免累及孩子，殃及他人和社会。我们想要的家庭教育成果，首先需要自己身体力行，孩子才能耳濡目染。

孩子的一生，我们都奉上无条件的爱、支持、信任和祝福。

我希望，有当一日孩子们独自走向世界时，他们会听到各种来自外界的声音，有正面的也有负面的。正因为在早期获得了无条件的积极关注，他们可以分辨并过滤掉那些贬损自我价值与潜能的负面声音，吸收那些鼓励、关怀、友善、期待的正面声音，随时能够通过节制、自我平衡，回归到客观分析自我与外界情景的中立状态。

我希望孩子无论在什么样的境遇里，都能够支持自己，成全自己，珍视自己。相信自己不需要掠夺、争抢，不需要伤害他人，不需要伤害自己。

当我们用无条件的积极关注去爱我们的孩子时，还会有一个惊奇的发现，一个没有被破坏圆满自性、成长的完整性、天赋潜能的孩子，远比我们更清楚自己是谁，将要去哪里。

当我们真正懂得用无条件的积极关注去爱孩子，支持他们相信自己，相信自己可以为自己创造生命时，我们会发现孩子将会从生存中解放出来，真正成长为精神的、具有更高意识状态的、创造天赋的、完整的、绽放的人。

这个过程中，我们见证生命蜕变的神奇。

这个过程中，我们也需要指引，需要“导师”们帮助我们学会如何看待各种状况，如何与孩子交流沟通，如何带给他们正确的认知，又与他们保持着亲密，如何身体力行、言传身教。

在本书中，我参考了心理学、积极心理学的经典理论、近百篇研究论文、统计实验、跟踪调查等，其中容纳了许多心理学家、教育学家的思想观点，这些经典思想、研究成果能够帮助我们去审视自身与孩子的状况和境遇、根本需求和终极目标，统筹自身的身体、心理、意志力的资源，树立更科学的“意识”，更积极的“信念”，最终实现我们和孩子共同的目标，在一张美好的蓝图上一干到底。

目录

CONTENT

第三章　遵从生物节律

第四章　意志力与学习

第五章　动机与行动力

第八章　惩罚、语言暴力的影响

第九章　个体与社会

第一章
每个人必须面对的一生发展议题

第一节　家长的立场：是魔鬼、天使还是观察者

如果在定义我们是一个怎样的家长之前，我们有 3 种面对孩子的立场可以选择，魔鬼（负面）、天使（正面）和观察者（中立），你会选择哪一个？对大多数人来说，会不假思索地回答，自己选择天使（正面）的立场，这代表我们愿意为孩子付出无条件的爱，也无论在任何境遇中都会支持他们。

还有人，宁愿站在观察者（中立）的立场，客观地评估孩子的自身内在因素和外在环境的影响变化，以便支持孩子做出正确的选择和行动。最后一种，魔鬼（负面）的立场，代表的是贬损生命的价值与造成伤害，尽管很少有人承认主动选择，它却存在着。很多施加于孩子的肢体虐待、语言暴力都是由家长自身的创伤、复杂的心理问题、自我效能低下和无意识行为造成的。

“我选择”是一种意志的力量。在心理学家们众多实验观察与发现的背后，总有人活得更快乐、更健康、更努力，拥有更好的人际关系、更成功的职业。除去各种复杂的社会、时代、环境因素，这些人拥有的是个体的意志。

去发现、去培养，并始终相信这种“意志力”，无论情景和外在环境怎样变化，都支持和帮助孩子获得自我实现与快乐。去相信孩子自身的创造力与潜力，这符合人本主义学派的理论，这

就是那些选择天使（正面）立场的家长们乐于相信的。我理解的“正面的”家长，具有两个面向——“父亲的支持”与“母亲的关怀”，这对慈爱的父母，像天使一样，始终认可孩子，认可孩子所具有的善良品质、无穷潜力，他们始终支持、鼓励孩子，让孩子在每一个时刻都充满了能量，正面积极地面对人生的各种境遇。

人本主义人格心理学家卡尔·罗杰斯和凯伦·霍尼提出，在儿童成长的过程中给予无条件支持非常重要，即使当他们犯错，这样的无条件支持是信任人先天倾向性中原本就具有自我完满，这种信任能够更好地促成儿童的自我悦纳。这种自我悦纳，可以让人将关注点聚焦在自我实现的快乐，而不是一时挫败的焦虑上，即便在一生中遭遇各种不同境遇，仍然可以摆脱环境负面影响，去追求更高的自我实现的需求。

而对选择观察者（中立）立场的家长来说，他们渴望最大限度地了解孩子的本性，同时，他们也无法忽视社会环境与人的交互影响，他们需要更多的策略来帮助孩子，无论是培养他们的智力、体能、学习能力与元认知，还是应对社会组织时的决策能力。从比奈的智力测验、加德纳的多元智力与情绪智力，到埃里克森的社会心理，他们更愿意相信众多复杂的因素共同决定了孩子的幸福与成功。他们愿意帮助孩子识别、辨认出“负面”的信息，不让负面信息阻碍、限制孩子去突破挑战、释放潜能，他们愿意运用正面支持的力量，让孩子回归自己，客观地分析自身的资源与处境。

“正面”与“中立”并不冲突，无论“天使”家长，还是“观察者”家长，都是出于爱，以及想要帮助孩子塑造更好的人格以适应未来和终身发展的目的。他们在根本上是一致的。

还有一类家长，他们所处的“负面”立场主要体现在两个方面：一方面是以暴力语言或体罚来“贬低”孩子的价值，降低孩子的“自我价值感”，使孩子无法找到“真正的自己”“不敢追求自我价值”而导致了失衡。另一方面是因为他们没有“正确的价值观”，灌输给孩子“走捷径”“顺手牵羊”“投机取巧”“自私自利”，他们通常以结果为导向，引诱孩子去走看似“轻松”的捷径，却因为孩子没有内在的制高秩序而失衡严重，最终的结果是“更艰难的”人生之路。

这一类“魔鬼”家长，更多可能是因为没有意识到自己身上具有什么问题。他们可能是因为自身在每个成长阶段的发展都是不完整的，他们自身就不具备“自我同一性”“自我价值感”“高自尊感”“自我成就感”；有的是因为自身就没有“合作”“利他”的意识；有的是因为在自己的成长过程中从没有体验过“无条件的爱和支持”，他们无法给予自己没有的品质；还有一些人，从他们的父母身上，学到惩罚、体罚、语言贬损、控制、漠视、放纵、溺爱和走捷径的行为方式，在下一代身上重复着这些行为。行为的改变需要从认知开始，更新信念系统，然后行为才会随之发生改变。

孩子从婴儿时期到青春期，再到成年的早期，需要成人的抚养照顾，也需要成人帮助他们认知世界，正确认知自己。孩子在成长的过程中，不断与外界各种情景、意识碰撞，家长的立场其实就相当于一张“过滤网”，我们通过立场的“过滤网”，将成长过程中因为尝试、挑战、碰撞遇到的情景、意识、反馈，筛选为正面、中立、负面的，帮助孩子们去识别这些外界反馈。

这一张“过滤网”，最初是由家长为孩子创造的，等待孩子成熟，它便内化为孩子自身的能力、素养和人格。

我们首先通过辨别是“正面”“负面”还是“中立”，然后我们用自己的行为、语言和教导去帮助孩子，去除那些贬损自我价值、限制自我成长的“负面”杂音；过滤那些引诱孩子投机取巧，“走捷径”“歧途”，破坏内在秩序，自欺欺人的诱惑之音；我们用爱与支持，让孩子听得见真诚友善、鼓励关怀的“正面”声音；最终达到听见自己内心中“中立”的观察者声音——这代表着孩子会清楚明晰地明白自己是谁，在特定的时期体验自己特定的品质，不断发现新的自己，活出自己天赋潜能的意识。

第二节　合作：大人物都具有“利他精神”

人类生活在一个无尽宇宙中的小小星球上，生命的意义是生活赋予的，每个人的人格、信念、心智、意识、文化和经历都在演绎其自身“生命的意义”，个体心理学之父阿尔弗雷德·阿德勒，早期提出人生三大任务：职业、社会和婚姻。通过一个人对这三大任务的反应，即代表个人对生命意义的解读。一个只有“个人意义”、没有“社会意义”的人，生命的意义就扭曲了。在很多罪犯、酗酒者、自杀者的案例中，正是由于他们缺少“社会意义”，错误地将“生命意义”曲解为只为个人私利。

真正的生命意义，是有益自己、有益他人、有益整个地球环境的。

在自然界中，人类一出生，便需要他人的照料，每一个成功活下来的生命，在人生之初的3年里，都仰赖他人。合作，是人类所有活动与价值创造的基础。

每个人都与其他人相连。我们都希望自己的孩子，能够成长为一个利己利他、人际关系融洽、婚姻关系幸福、事业卓有成绩、快乐健康、道德高尚的人。在顺境中知道感恩与回馈，在逆境中坚持梦想与真诚，生活于他而言，是一份创造性的礼物。

现代积极心理学派有很多关于幸福感的发现，心理学家发现，单纯的快乐还不能让一个人获得最大的幸福感、获得最大的满足感，帮助他人与他人合作才可以让人获得最大的满足感。

积极心理学家克里斯托夫·彼得森认为构建一个幸福的人生，至少要有4个维度，它包含了愉悦、投入、意义和成功（在本书后半部分，会有详细的讨论）。在第一章中，我们可以先看看心理学家彼得森自己的幸福构造图，每一项的最低分是4分，最高分是20分，如下图所示。

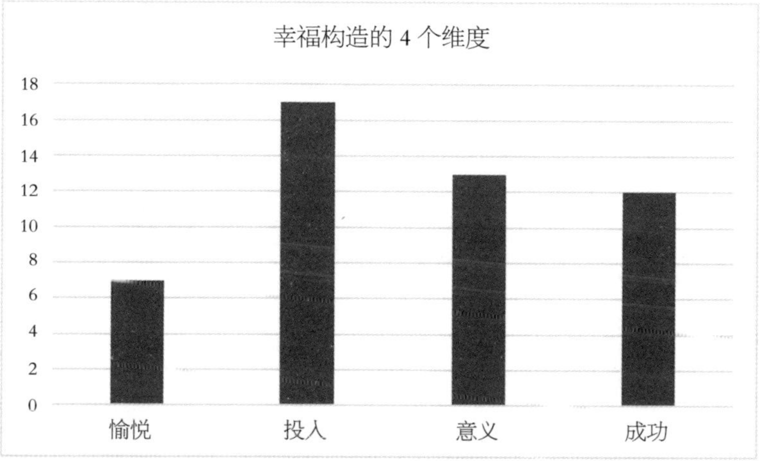

你可以先绘制出自己的幸福构造图，如果每个维度的分数都是4分，说明你目前的生活非常空虚，如果每个维度的分数都高于15分，说明你的生活满意度很高。如果有的维度分数很高，有的分数很低，说明你生活中的某个维度不平衡。当你阅读完整本书以后，你可以再画出一张你心目中认为完美的状态，将它作为自己的目标，尝试做出改变。请记住这张图，并在一生中逐步将自己的幸福构造图描绘出来。

心理学家乔治·范伦特曾对95位高智商男性进行30年追

踪访谈和研究，那些发展得比较好的人都在中年开展了能更好服务他人，为社会做贡献的事业。在一项调查中，跟踪研究了52～74岁的老人，他们良好的满足感状态基本上始于很早期，而带来满足的最主要的一项本质，是关心他人、富有同情心和良好的社会关系。

对儿童来说，学习合作和帮助他人更为重要，当家长或学校以教导孩子只关注自己的成绩，忽略合作和帮助他人时，曲解“生命意义”的一刻就开始了，假如孩子从此开始只关注于自身，他将在未来的生活中不断体验分离与不被支持的痛苦。

“与他人的关系”在人的一生中始终无法逃避，从埃里克森的成长阶段体系去看，自我同一性、亲密、繁殖、养育后代、自我成就都离不开与他人的“合作”。我们每个人，既是独立的个人，又与他人、世界相连。

学习合作与帮助他人是儿童最终收获幸福人生的重要一课。

第三节　因材施教：成功始于兴趣

积极心理学家米哈里·契克森米哈最早提出了“酣畅感”这个概念。酣畅感是指精神高度投入的活动所伴随的心理状态。在这个流动的状态里，时间过得仿佛非常快，注意力全部集中在这项活动上，伴随而来的是精力充沛的流动的体验。

一些艺术家在创作的时候会体会到这种感觉，真正的酣畅感，需要具有挑战性，伴随着价值感和成就感，能够极大地提升人们对兴奋和振奋的体验。

虽然看电视、打游戏、看魔幻小说、乱写乱画也有“酣畅”“振奋”的感觉，但由于并不具有挑战性，也无法带来价值感和成就感，这些活动属于“垃圾酣畅感”，与真正的“酣畅感”相去甚远。

在积极心理学的研究中发现，真正的“酣畅感”体验会让人在很长一段时间获得很大收益。尤其是少年时期，如果能在开创性领域取得成功，他们会比其他人更加健康。很多具有心理障碍的人，如“抑郁症患者”，这些人尤其难以对富有挑战性的活动产生兴趣，但让他们忙起来是很好的治疗方法，被干预的抑郁症患者会减少自寻烦恼。

及早去发现并支持孩子发展一项兴趣技能，这在孩子的一生中都尤其重要。

攀岩、艺术创作、手工艺、冲浪、写作、舞蹈，很多活动都可以让人获得这样的酣畅感，有时不仅仅是个体活动，社会性的愉快的交谈，大合唱和团体运动也可以获得酣畅感。

在研究人类本质的时候，心理学家罗伯特·怀特解释了“能力”的意义，他认为人们愿意去做一些需要能力的事，不论具体是什么。人类享受他们现实能力的活动，同时愉悦感会随着能力的实现而增加，或随着复杂性的提高而增加。这一点在我们所喜爱的活动中都能体现出来。

兴趣体现在 3 个方面：休闲兴趣、学校兴趣和工作兴趣。

在休闲兴趣方面，心理学家们有很多发现，比如，人们花在休闲兴趣上的时间与生活的满意度非常相关。总体来说，女性的休闲时间少于男性，尤其是全职工作或者带孩子的女性，或者一边上班一边带孩子的女性。对于社会地位较低的人群，休闲活动很少，他们大多从事体力劳动，且赚的钱很少，很少有机会去发展兴趣活动。退休的人，会有更多的休闲时间，但是很难发展出一项新的兴趣。

体力类型的兴趣，游泳、散步、打球等可以增加积极情绪，让人充满活力。经常做有氧运动的人，会表现出更好的心理健康状态，体验到的生活压力也相对较少。喜欢听音乐的人，也能够产生积极的情绪，音乐也可以帮助人调节情绪。

心理学家还发现了一件不容忽视的事，兴趣可以是代表一个人积极身份的标签。兴趣身份在青少年时期尤其重要，在他们发展自我同一性时（见第七章），兴趣发挥着很重要的作用，如果能发展出学业以外的兴趣身份，进行这些活动的青少年的表现，比没有兴趣身份的青少年表现得更好。

发展学校兴趣需要更深层次的智力和情感投入，在学校里，如果有一门课可以让学生有这样的投入感，就可以发展成为成熟的个人爱好。我们经常会看到有些学生非常喜欢数学，而另一些学生非常热爱文学。一门学科之所以产生独一无二的魅力，可能是因为在这门课里刚好有学生感兴趣的新奇性、复杂性、变化性，也可能是因为学生获得了这门课的教师给予的支持，或者是家长给予的额外支持。

一旦一门学科的基础兴趣养成，所获得的这门特殊技能的兴趣就可能得到进一步的增加，能力也会进一步得到提升。

在孩子很小的时候，一点点鼓励就可以促进孩子学习，或者一点点监督就可以起到作用。但是到了高中阶段，学生会感受到越来越复杂的强度——分数的压力，约束的增加，这让他们对学习本身的兴趣有所下降。这时学生需要的不是一般的支持，而需要更有针对性的指导来帮助他们。从长远来讲，在一门学科上有长期兴趣是非常有益的，最明显的一个优势便是可以深入这门科学的专业领域，在未来的工作和发展中获益。

对于孩子想要很早就确定工作兴趣不太容易，如果能够有一些工作让孩子尝试，再决定自己如何选择可能是一个很理想的想法，但很难实现。心理学家们设计了一个知名的工作兴趣测验，即根据人们的兴趣爱好，推测人们和某一个行业更加匹配。假如我们对某个行业的职业感兴趣，就很有可能会坚持下去。不过兴趣和能力有时并不是同时具有的，很多学生因兴趣而选择了一个行业，之后却发现自己并不适合。

心理学家霍兰德设计了另一种职业兴趣类型，分为现实型、研究型、艺术型、社会型、企业型和常规型。

现实型	这类人喜欢摆弄实物、工具、机器或动物，职业对应有工程师、承建商
研究型	这类人喜欢观察研究物理、生物、文学，职业对应有科学家、记者
艺术型	这类人喜欢创造艺术形式，职业对应有小说家、音乐家
社会型	这类人喜欢与人合作、培训或激励人，职业对应有教师、社会工作者
企业型	这类人喜欢为了组织性目标或经济收入工作，职业对应有销售人员、股票经纪
常规型	这类人喜欢依靠数据、资料进行系统分类，职业对应有会计、图书管理员

兴趣是最主要的，先有了兴趣，才可能在不断坚持与投入中发展出能力。兴趣和能力共同坚持下去，就会取得成就。

当心理学家们研究了大量有成就的人群，包括某些领域的集大成者、全新领域的开创者、探索生活深刻内涵的内省者以及影响他人或世界的人，这些人才卓越成就的丰富性、多样性很值得注意，但都有一个共同点，这些成就最初都始于兴趣。

性格可被分类的至少有 24 种，价值观可被分类的至少有 10 种，可被统计的职业更是不可计数，那些具备良好性格力量的人，必定具有创意、爱学习、有好奇心，坚定，追求卓越与美好的品质，我相信下一代的孩子们，必然是多才多艺、兴趣广泛，知识广博的。

相比上几代人，今日的科技发展已经如此先进，孩子们获得信息的速度和效率，系统学习新技能、新知识的速度和效率，已经呈现出指数倍的增长。他们学什么都可以，学什么都更快，也更容易了。

正因为时代的发展，时间对于人们来说变快了，曾经可能需要几十年才能够明白的事物，现在只需几分钟就可以从各种信息渠道迅速获得，知识大爆炸般地涌向我们。对下一代的孩子来说，如何学习一门知识、学科、才艺，已经不是什么困难的问题了，对他们来说，面对无限丰富的知识与信息资源，选择哪一门学科去学习更加重要。

上几代的学生，更加严格地根据学科兴趣，发展出职业兴趣。而下一代的孩子会有更广泛的选择，更自由发挥的空间，从休闲个人兴趣、生活中的兴趣，灵性与精神的兴趣，社会关系的兴趣，都可能发展成为谋生的手段和职业，甚至铸造为一项个人的成就。

“天赋”“才华”在这一代人身上，会有更加淋漓尽致的展现，这是随着经济的发展，人类逐渐从物质需求上升到追求自我实现的精神需求的必然过程。每个人最终都会为了实现自己的最大潜能而努力绽放自己的生命。

我们的下一代会比前几代的人更加清楚地知道“我是谁”“我要什么”“我要为自己而开创”“我要活出我的生命”。

因此，作为家长和教师，我们可能需要为了孩子“量身定做”适合他们的学习内容，不断地追随着他们的兴趣、他们的本性，为他们提供支持他们的养分和符合他们兴趣点的知识与技能。这是我所理解的，针对这个时代的孩子的“因材施教”。

第四节 成长：每个阶段都是人生“必修课”

从古至今各种文化都对人生命成长的阶段充满关注，中国的教育家孔子认为人生分为 6 个阶段：十五立志向学；三十而立；四十不惑；五十知天命；六十而耳顺；七十随心所欲，不逾矩。

希腊人通过对人的内心变化分析，将人生划分为 10 个阶段，每个阶段 7 年：0 ～ 7 岁，幻想阶段；8 ～ 14 岁，想象阶段；15 ～ 21 岁，青春期；22 ～ 28 岁，人生基础；29 ～ 35 岁，证实并强化人生基础；36 ～ 42 岁，第二青春期，跟随内心，重新调整人生方向；43 ～ 49 岁，狂躁抑郁期；50 ～ 56 岁，与衰老抗争；57 ～ 63 岁，思想成熟；64 ～ 70 岁，第二童年期，有意识地改变，将把人带向更高起点。

人从出生起，直到成年以后，再到老年，每个成长阶段，都与后面的发展相关联。每一个成长阶段，也都有其独特的矛盾，能够成功突破它还是带着那些未解的冲突一直走向下一个阶段都不重要，总之那是我们自己无论如何都要面对的。

埃里克森提出了人生心理社会性发展的 8 个阶段。

0 ～ 1.5 岁阶段，要解决的是信任与依赖的危机，在有充分安全可依赖的照料下，建立基本的信任感；相反，若婴儿经历的是不一致的回应，或缺乏陪伴、身体接触、温暖的照料与互动，婴儿会在底层发展出一种强烈的不安全感与焦虑。

1.5～3岁阶段，要解决的是对自我的肯定与怀疑，这个阶段的儿童开始行走、认知以及进行简单自我探索，在这个阶段给予儿童关注、充分的肯定与自由，有助于儿童建立自我价值感。相反，若在这个阶段过于严厉的要求训练孩子，急于比较、批评或纠正，会导致儿童缺乏自我价值感，感到无力控制事情，而不是相信自己有能力可以控制自己的身体，或做某事。

3～6岁阶段，要解决的是能否自主发起行动的能力，这个阶段的儿童主动发起行动、智性活动和人际交往的互动，家长给予的正面反馈将决定他们对自己的主动行为的看法是否有价值，否则儿童会对自己的主动行为产生内疚的情感，缺少自我价值感。

6岁～青春期阶段，要解决的是勤奋努力和自卑的危机，一些经历了前面阶段的儿童，会努力地投入课业、体能、兴趣的训练中，更多地参与社交团体活动，开展自己的社交技能，充分得到锻炼的儿童可以获得更好的社交技能与认知能力，而有些儿童，无法很好地投入这样的训练中，不仅错失参与成长的机会，还会形成内在的自卑感，缺乏自信，感到挫败。

青少年阶段，要解决的是自我角色认知危机，这个阶段的少年正在经历了从孩子到成年世界的过渡，他们面对不同的人，扮演着不同的身份，若能作为一个人感受到做自己的舒适感，无论面对何种境地，都知道自己是谁，他便具备了进入下一个阶段的完整性，若无法跨越这个挑战，他的自我是碎片化的、不确定的和模糊的。

成年的早期阶段，在这个阶段里，个人做出清晰的选择，并有能力承担责任地进入亲密关系中，在亲密关系中学会合作，保持独立性又放弃一部分独立性。如果无法完成这个挑战，可能会陷入孤独与隔绝。

成年的中期阶段，在 30 ～ 40 岁期间，个人在这个阶段主要解决的是繁衍的危机，关注对家庭、社会和后代的奉献；没有妥善解决这个挑战的个体，仍然沉迷于个人的自我放纵，会对未来和过去都感到迷惑。

成年的后期阶段，成功解决了前面几个阶段危机的个人，已经可以感受到一种人生的圆满感，让他对自己感到满意，如果有一些挑战还没有被解决，会产生挫败感、焦虑、自卑，甚至绝望无力。

在人的一生中，不断度过危机，发现自我，创造自己的生活，许多因素共同构成成长的途径，包括遗传因素、环境因素、学习因素、父母因素、发展因素、意识因素，还有潜意识因素。人的一生，无论是孩子，还是家长，我们始终在成长着，认知自己，发展自己，成就自己。

第五节 男孩与女孩：超越性别限制 获得充分发展

两性的区别可能最初起源于生物的发展进化。男性与女性在生物结构上有很多不同，不仅是我们可见的性别特征，还包括睾丸素水平，以及大脑的结构。

有研究发现，男性的大脑比女性的更大。而负责社会和情感功能的前额叶区域，则是女性的比男性的更大，这解释了为什么在一场争吵结束以后，女性还久久无法平复情绪，而男性早已经酣然入睡。

除了大脑中两性存在的生物差异，家庭和社会对性别的刻板印象还会固化两性的差异。

有一项研究表明，婴儿在 10 个月大时，就已经明白男女有别。当儿童在学龄前将他们所获得的信息内化之后，5 ～ 7 岁的儿童会对男孩和女孩的刻板印象有非常严苛的标准。

同伴之间的社会活动，也会更加强化这一特征。

有研究发现，在 6 岁时，男孩喜欢集体活动，而女孩更喜欢一对一的交往。男孩喜爱的活动主要是打架争斗，而女孩更喜欢交谈。

女孩也通常在学习上比男孩更加刻苦，因为在她们的人格部分，努力程度是自尊的重要来源，而男孩更看重结果。有一项实验，研究人员分别用不同的指导语指导男孩和女孩做测验，当告知男孩和女孩指导语“做练习不重要”时，两组测验者的练习结果没有太大差别，当更换指导语“练习很重要”，女孩的练习结果成绩显著高于男孩。

在成长的过程中，男孩和女孩还有一些差异，研究人员有很多发现，包含了语言、视觉空间能力、数学、攻击性、恐惧害羞和冒险、情感表达等。

女孩在多种测试中都表现出了语言优势，女孩的语言发展比男孩早，在整个童年、青少年时期，女孩在阅读理解、语言流畅性上得分都更高。

男孩在视觉和空间能力的测验上，从 4 岁就开始体现出优势来，并贯穿一生。

男孩在数学上的优势，相对于女孩是微小的，事实上，在计算技能方面，女孩的测验成绩还会高于男孩，部分原因可能是由于女孩注重练习，而努力提升自己的数学能力。但男孩对于数学的自我效能感会高于女孩，他们比女孩更有自信，相信自己可以解决数学问题。到了高中阶段，男孩在解决数学问题上更具有优势，会有更多的男孩在这个时期展现出优秀的才能。

在其他方面，2 岁起，男孩比女孩就开始展现出更多的攻击性，青春期的男孩卷入反社会行为和暴力犯罪的可能性是女孩的 10 倍。女孩在陌生情景中，更容易害羞、谨慎、冒险行为较男孩更少。在情绪表达方面，孩童时期男孩更容易展现愤怒的情绪，而女孩的情绪更加丰富多样化。

但这些差异，只在群体测算上有意义，当我们比较男女两个个体时，这样的差异不具有普遍性的。当我们比较个体时，个体的差异远远要超越文化、性别、年龄等。很多发展心理学家也认为，男女之间的共性，是远远大于异性的。

发展心理学家们发现，在文化、家庭教育、社会影响下，人们对于性别的刻板印象，可能在以一种“自证预言”的方式，去强化或实现男女之间的差异。

很多父母对儿子和女儿都采取了不同的养育方式。譬如，在数学才能这个方面，受到自身对性别刻板印象的影响，他们会期望儿子比女儿的数学更好，还会将儿子数学好归因于天赋，女儿数学好归因于努力，这些信息的传递自身就会对孩子产生心理影响，逐渐接收到这种观念的儿子可能会更加自信，而女儿可能会对数学丧失信心与热情。也正是由于这样的原因，在选择专业的时候，女儿就可能不去选择数学或科技领域的专业，因此失去这个行业的发展机会。这便是心理学家们所说的，性格刻板印象引发的“自证预言”。

在这种情形下，心理学家们建议，尽量以更加开放不设限的思维去看待男孩与女孩的差异性，这种差异很多时候是由家长、学校、社会和文化上不同的期待所导致的。真实情况是，男女在语言、数学、空间上的差异只在比较群体时有效，且这个区别非常微小。不要以性格刻板印象限制儿童自我实现，要尽量鼓励孩子消除思维上的局限，在认知上干预有助于男孩或女孩更广泛地追求不同领域的成长。

第六节　人格：完整自我，由美德构建

即便是对于成人来说，也可能对“我是谁”这个问题，只能回答出10%。探寻“自我”可以看作人生追求的一种表达，反过来也成立。“我是谁”是一道可以探索一生的问题。

关注自我研究的早期倡导者威廉·詹姆斯，提出自我的3个部分由“物质自我”“社会自我”和“精神自我”组成。“物质自我”包含了身体，“社会自我”代表他人对我的看法，“精神自我”是指内在的思想与精神的活动。

自我的概念包含了许多方面，从记忆、特质、动机、价值观、智力、能力、理想、自己对自己的评价，到认为外界如何定义自己，都属于自我的概念范畴。它的形成与遗传基因，先天与后天的教育、境遇、意识与无意识的部分，内在的倾向，以及身处境遇决定。

心理学家们发现了两种主要的方法，来帮助人们了解自己未知的人格部分。一种是客观测验；一种是更加具有个人意义的投射测验。

最广泛使用的客观测验工具是明尼苏达多项人格问卷，它由美国明尼苏达大学心理学家哈瑟韦和精神病学家麦金力编制，这套问卷年满16岁就可以参与测验，程序非常简单。它包含了10个临床量表部分，包括癔症（依赖、天真缺乏自知）、抑郁（社

会不适）、疑病（对身体不正常关心）、精神病态（反社会）、男性化－女性化（男性女性差异、极端高分表现为同性恋）、妄想狂（夸大、被害妄想）、精神衰弱（恐惧、内疚）、精神分裂（思维混乱、行为怪异）、轻躁狂（联想过多、飘忽、情感多变）、社会内向（害羞或愤世嫉俗）。

另一种客观测验工具是大五人格问卷，其中包含 30 个独立特质，效果与明尼苏达多项人格问卷相似。这两种客观测量，都可以研究人格的稳定性和一生中的众多变化，例如，职业变化、离婚、提前退休等，都是其人格特点的显示。

除了客观测验，还有更加开放的个人化的测验——投射测验。投射测验，通常在题目中展示一张图画，请测验者根据自己的感觉、想象、情绪，去描绘这是一个怎样的故事。它没有对与错的标准答案，但由于这样的描绘，是纯个人的解读，也就可以代表测验者的人格。比较著名的有罗夏墨迹测验和亨利·莫里的主题统觉测验。

例如，一张主题统觉测验的卡片上绘有两个人的面孔，不同的人解读这两张面孔的身份与关系，常常投射反映的是自己内心对于权力、地位、依赖、控制、欲望等方面的个人体验。

将客观测验与投射测验两种方式结合起来往往效果会更好。

文学作品《24 个比利》虚构了一个人物，他具有 24 个多重人格，这些人格之间，相互独立，每个人格都具有不同的性格、动机、记忆，甚至是身体生理上的指标都不同，其中一个人格需要吃降压药，另一个人格可能需要吃提高血压的药。这是很少见的心理疾病。

但是普通人的人格，其实也可以是多面的。很早的时候，就有人观察到了这点，于是人们充分发挥想象力，将人格按照类型风格分类，编为类似 12 星座、塔罗牌的 22 张大牌、12 生肖这样的类别，无论是中国 12 生肖、西方的 12 星座，或是民间塔罗牌的 22 张大牌，都分别会有优点与缺点，正反两面。这些都可以理解为不同的人格面向，在一生中的特定时期，人们会发现他们表达着自身不同的人格面向，也体现着自身的长处与短处。从各种角度，去了解人格，了解他人，了解自己，总是让人们充满热情和兴趣。

在一生中的许多境遇里，顺境或逆境，自我范畴的概念决定了一个人的动机和行为，做出什么样的决策，得到什么样的结果，以及结果对自我反馈又如何内化成为“自己”。

而随着内在检视“自我”，去做出有意识的调整，对于“自我”认知的意识会发展得更加完整。认知“自我”，并按照自己原本的“人格”去生活，是一道伴随我们一生的课题，值得我们不断探索。

20 世纪的人格特质心理学家戈登・奥尔伯特曾经主张将“性格”的研究从“人格”研究中删除，当时的研究是在“疾病模式”下的探讨。但随着现代积极心理学的发展，心理学家们发现，心理学不仅仅只是关注“问题”，更重要的目标是促进人类最积极、最美好、最具潜力的东西。因此，去关注、描述、评价积极美好的部分成为积极心理学家最重要的研究内容。

马丁・赛利格曼教授在 1999 年与一群年轻学者开始共同研究“良好的性格”，他们运用了一种分类描述的方式，试图将人类的美好性格力量总结出来，他们从精神病学、青少年发展、宗教、哲学、组织学、心理学中识别出备选的性格力量，从流行歌曲、诗歌、卡片祝福语、讣告、座右铭、宗教信条、塔罗牌，甚至《哈利·波特》小说中对霍格沃兹城堡的描述文字里，挑选出与美德相关的词语。

马丁·赛利格曼将良好的性格力量与美德分类共同考虑，区分出 6 种美德，24 种性格力量。

这 6 种美德是：①知识与智慧；②意志力；③人道主义精神；④社会公正；⑤节制；⑥卓越。

知识与智慧是认知范畴，也包含了获取知识与理解信息。理性是所有认知得以实现的最重要美德。除了理性，有 5 种性格非常重要。

1. 创造性：能独立思考出新奇有效的方式做事、创造、取得成绩。

2. 好奇心：能够对事物产生兴趣，在这科学界尤其重要。

3. 热爱学习：掌握新的技能、知识，获得系统知识的可能性。

4. 开放思维：不急于下结论，全面思考，并能够灵活调整，衡量整体。

5. 洞察力：深入观察思考，认知自己与世界，提供明智的见解。

意志力。当我们遇到内部或者外部阻碍时会发挥力量，这种力量是强力的、矫正性的，当我们在外部遇到困难阻碍时，内部遭遇冲突限制时，意志的性格力量会发挥作用，帮助我们抵御诱惑，明确方向，坚定脚步，协调冲突。有 4 种性格力量属于这一类。

6. 诚实、务实：诚实地面对自己、他人和境遇，对自己负责。

7. 勇敢：问心直行，在困难面前不畏缩，直言不讳，坚定不移，有胆识，也包括生理上的勇敢。

8. 坚定：有始有终，有毅力耐力，持久坚持，有天下无难事的心念，再艰难也要完成目标，享受完成任务的愉悦感。

9. 热情：充满热情与激情，做事既不会心不在焉也不会半途而废，所追求的都是自己的“最高兴奋”，更能有所成，生命充满生机和喜悦。

人道主义精神体现出与他人关系中的以人为本、利他主义、关爱他人、善良友好与周到细致，有 3 种性格力量体现这种积极特质。

10. 善良：关心他人，照顾他人，帮助他人，奉献他人，与人为善，助人为乐。

11. 爱：重视与他人关系中的和谐、亲密感、支持感、亲近感，互相谅解，祝福彼此。

12. 社会智慧：能够感知周围和他人的心意、意图、需求、感受，知道如何处理关系，让他人和自己都感到舒适。

社会公正属于更广大的群体范畴，人与集体、社会之间的关系，有 3 种性格力量属于社会公正的。

13. 正直：不以个人情感为标准，公正、公平地对待每个人，给予每个人公平的机会。

14. 领导力：鼓励团队中每个人积极做好自己的工作，维护良好的集体关系，能够想办法促进集体效能、组织集体活动、维护组织秩序。

15. 团队合作精神：作为团队中的一员，做好自己的工作，与他们互助合作，忠实于集体。

节制可以帮助我们自我调节，重新平衡。当我们感受他人犯错伤害到我们时会产生怨恨，过度的怨恨是对所有人的伤害，节制的力量保护我们免予报复和怨恨，宽容、怜悯帮助我们重新调节、重获平衡。谦虚、虚心也是一种调节，帮助我们从自大、傲慢与自满中清醒过来。审慎，也是一种节制的调节，让我们免予冒险、莽撞、过度扩张。

16. 怜悯、宽恕：每个人在成长过程中都会犯错，宽恕他人，怜悯他人。就如同我们也会犯错一样，我们也一样希望可以获得重新改过的机会，重新再来的机会。

17. 谦虚、虚心：无论多好的成绩，它会自己证明自己，我们仍需谦虚，并不断学习；每个人都有长处，不要认为自己比别人都强，三人行必有我师。

18. 审慎：不莽撞地冒险，不孤注一掷，不冲动地行动。不做以后会后悔的事，不说以后会后悔的话。

19. 自我调节：平衡与调节自己的感受、生活节奏、情绪、欲望，平衡来自外界的反馈，始终知道自己要做什么。

卓越与自我实现有关，它代表着人类上层的精神需求，是一种精神力量。具有卓越力量的人，有一种信念——不断地投入、致力于创造一种非物质的卓越生活，可能代表着理想的、人类的、世界的、宇宙的、风险的、神圣的信念。

20. 对美和优点的欣赏：在生活中所有领域都有欣赏美、发现美、创造美的能力，从自然界、生活范畴的衣、食、住、行到艺术领域，数学、语言、科学领域都会有对美的无限追求。

21. 感激：对生活中和生命过程中发生过的点滴、遇到的人都可以花时间表达感激，并可以敏锐地看到生命中一切都蕴含着好事。

22. 希望：期待美好的事情发生，相信未来是美好的，愿意为美好的结果努力。

23. 幽默：虽然幽默有时带来麻烦，但这是令人愉悦的，为他人带来欢乐，让生活充满欢乐，积极地看待所发生的一切，并可以制造欢乐。

24. 虔诚 / 灵性：对人的高级目标、宇宙意义的信念，对生命价值的信念，并以此来指导自己的生活、工作、行动，感受到生命意义的喜悦。

第二章

善用心理、意识与身体的交互作用

第一节　童年早期：避免忽视溺爱　建立秩序自尊

1959 年，心理学家哈里·哈洛将一只可爱的刚出生的小猴从母猴身边带走，放进了一个有两只“人造母猴”的笼子里，一只是金属制造的，一只是毛绒玩偶。虽然金属制造的母猴可以有奶水，但是小猴更喜欢搂着毛绒玩偶，当它受到惊吓时，也会去找毛绒伪装的母猴。这是一项很有意思的发现，科学家们原本以为，一个柔软的毛绒玩偶，可以替代母猴抚养小猴长大。但随着小猴长大，心理学家们却发现，这样在早期被剥夺了正常交往关系的小猴，成年以后也难有其他正常形式的社会交往。

这个发现告诉我们，人类社会有时会造成怎样的悲剧。安全感、信任、爱与归属感是人的底层需要（马斯洛的需要层次理论）。

马斯洛认为，对婴儿来说安全感是尤为重要的，他们喜欢有爱的、有秩序的、可预测的、稳定的世界。放任自由，带给他们的是一种混乱、无秩序和焦虑感，他们还太小，应付不来。即便是一个情绪稳定、可以应付很多事的成年人，即便他十分向往自由，仍然需要一种稳定与安全感的满足。我们大多数人如此向往安定性、确定性，购买保险也说明了这种安全感的需要。婴儿时期的安全感，便是从父母持续、稳定、有爱的回应中建立起来的。

安全感获得满足以后，爱与归属感是紧随其后的基本需要。

孩子首先从父母那里获得爱与归属，然后是兄弟姐妹们、朋友的友谊，然后再体现在伙伴、社会群体的关系中。经历转学、搬家、移民的孩子，需要更多的时间重新建立爱与归属感。很多人在成年以后，频繁变换工作，很难体验到归属感，有的人试图通过参加宗教团体、志愿者团体、各类兴趣课程，重新找到爱与归属感的感觉。爱与归属感的需要，体现在人生中的每一个时期，缺乏爱与归属感的满足是导致情绪失调，以及社会兴趣缺乏的主要原因之一。

人格从婴儿时期开始形成是心理学家们的共识。个体心理学之父阿德勒在 1981 年针对 714 名抑郁症患者的研究中发现，这些抑郁症患者认为早期经验中他们的父母是敌对、恶意与分离的。一项研究支持了这个发现，被忽视冷落的儿童报告出更严重的抑郁、低自尊表现。在另一项报告中，体验到被忽视的青少年（5 ～ 17 岁年龄组），比没有感到被忽视的青少年更多地发生高焦虑。阿德勒认为，来自父母的“忽视”可能造成错误的人生观，因为一个从生命之初被“忽视”的孩子可能根本不知“爱与信任”是何物。在生命遭遇苦难的时候，高估苦难的程度，低估自己的价值与获得他人帮助的能力，会认为世界冷漠，而充满了恶意。尤其是那些从一出生，就被遗弃的孤儿。这一类孩子，需要来自外界的帮助，让他们相信这个世界存在可以值得信赖的人。

来自父母的无私给予，让婴儿从来到这个世界便体验到爱与信任，是父母养育子女首要的任务。成为孩子可以信任的人——这个排名第一的任务假如失败了，孩子若想在社会兴趣上建立伙伴关系无疑就更加困难了。

当然，这世上并不存在“完全被忽视”的孩子。一个孩子成功度过了婴儿时期，便说明他得到了照料。

在心理学家们研究范畴里讨论的“忽视”是一种非常规的程度，但对想要努力给予孩子关注与回应的家长来说，知道这很重要，并努力去给予，直到这份爱与关注满溢在孩子的整个成长中，孩子将会以他满溢与整个世界的信任与爱，作为父母养育的回馈。

另一种导致儿童曲解生命意义的行为，是“溺爱”。被溺爱宠坏的孩子，认为他人满足自己的意愿是理所应当，从不考虑服务他人，没有合作意识，成全他人是永远不可能的事，眼中只有自己。

阿德勒的研究中区分了 4 种类型的溺爱：过度纵容、过度许可、过度控制和过度保护。

无止境地满足孩子各种要求，会导致孩子专横，只考虑自己。不顾孩子的行为可能对他人和社会产生怎样的影响而去允许孩子随着自己的喜好去做事，会导致孩子忽视社会规则与他人的平等权利。还有一种专横的父母，为孩子包办一切，保护与控制过度，导致孩子成年后像“巨婴”一般缺乏承担，事事依赖他人帮助。还有处处小心、警告孩子各种潜在的危险，限制了孩子的探索，导致成年后出现从现实社会逃避问题的情景。

被溺爱的孩子，在成年后呈现出低自尊、自大自恋、缺乏同理心及合作精神、缺乏承担。成人溺爱孩子，也是溺爱自己的体现。它代表的是理性边界与秩序的缺失。

无条件的爱不等同于“予取予求”，在自由与规则之间找到平衡。有一句古话叫“没有规矩不成方圆”，即便是广袤无垠的宇宙天地，也不是无序混乱的，天地也同样遵循着自上而下的“道”。我们小小的人类，更是如此。爱孩子，要从内在到外在，构建出秩序。

秩序与自尊有关。在父母家庭教育下，无条件的爱和支持、关注、规则的建立，需要达到一个平衡，能够在规则与自由建立平衡，会帮助孩子建立更高的自尊感。

在养育孩子的过程中，我们要给予孩子无条件的爱和支持，同时也需要建立规则。主张以“爱和自由”为理念的儿童教育专家孙瑞雪同时也主张为儿童“建立规则”，规则以“不伤害自己、不伤害他人、不伤害环境”为主要的前提。关于建立规则的沟通技巧，在第八章之后的内容有更详细的介绍。

在我们建立一项规则之前，也可以先了解人类行为的深层意义，心理学家们为了促进人类经验的理解，尝试了从多种角度理解同一个问题。仿佛我们透过一个彩色多面体去看一个物体，对它产生不同的认知，当我们眼中的世界变得更广阔时，解决的方法也会更多、更灵活。

譬如，以“攻击性”为例，心理学家们可以从 7 种观点去理解。

▶ 心理动力学观点：孩子的攻击性源于无意识中的冲突，这种无意识是被压抑的心理反抗和挫折，孩子可能在很小的时候被权威型家长严重的控制而不能反抗，不能获得快乐感，这些挫折感、反抗深埋在无意识中，成为“攻击性”的动力。

这种归因下的“攻击性”，要解决无意识中的挫败、反抗、被压抑的意识。

▶ 行为主义观点：缘由是在行为上的规范与强化出了问题，例如，孩子在过往的攻击性反应中受到了外界强化。一个打了同学或者兄弟姐妹的孩子会得到某种特殊的“关注”，或者打人这种行为，都是从打孩子的父母那里学来的。

这种情况的归因是找到行为的刺激原因和结果，释放掉这种因果关系。

▶ 人本主义观点：关注人类经验和潜能，找到“攻击性”背后的自我限制或没有完全激发的潜能，将这种“攻击性”与价值观、目标、生活方式重新匹配，将破坏力转化为创造力、欲望。

▶ 认知观点：这种观点认为“攻击性”源于人们目的暴力行为时经历的攻击性行为的想象和幻想，以及产生的被攻击或攻击他人的意图。这是通过语言、影像、电影、图片、他人经历，对人产生的心理和思维的影响。

这种情况需要化解思维，认知心理过程，减少刺激源以及觉察自我思维过程。对于儿童，需要有成人纠正认知。

▶ 生物学观点：这种观点关注脑与神经系统，研究以生物学和化学为基础，例如，严重“攻击性”在脑部有什么特征，女性的月经周期时脑神经、化学变化对攻击性的影响。

这种情形需要通过锻炼、冥想、呼吸等练习，训练脑部，改善脑与神经系统的方式来调节。

▶ 进化论观点：“攻击性”是进化发展的需要，人们有或战或逃的本能。以发展进化的角度，关注早期的生长环境是否会发展出攻击性的适应性，以及在什么情形下，会有选择地使用“攻击性”。

▶ 社会文化观点：关注不同的社会文化，人们如何解释、显化“攻击性”行为。在世界范围的每个文化之间，攻击性有共性也有差异性。

第二节　生理缺陷：走出一条伟大而非凡的新路

1982 年的冬季，在澳大利亚一个普通的家庭里迎来了一个新生命，他很特别，刚一出生就没有四肢，只有左侧臀部下一个带着两个脚趾头的“小脚”。他叫尼克·胡哲，尽管天生严重残疾，但是他的父母并没有放弃他，他的父亲是一名工程师，教会他用仅有的“小脚”写字，母亲是一名护士，父母把他送进一所小学读书，希望胡哲受到教育，可是在学校里，他饱受嘲笑与欺凌，在他 10 岁的时候，他试图在家中将自己溺死在浴缸里，但没有成功。

父母和教会人员以各种方式引导他重新看待自己的身体和生命，19 岁时胡哲开始向学校推销自己的演讲，在被拒绝了 52 次后，他终于获得第一个机会，为大学演讲 5 分钟。自此以后，他的足迹遍布全球，无数挣扎在困境与绝望中的人被他鼓舞。他用残疾的身体却无比坚韧的意识向世界证明，人生是没有限制的。胡哲向人们分享逆境的故事、坚强的经历，他相信，只要自己所做的一切能够改变一个生命，那么一切都是值得的。他相信了，于是他做到了。他身上宝贵的精神成就，甚至远远超越了许多健全的人。

这个故事里的尼克·胡哲，是一个奇迹。奇迹的发生，是因为有人相信会有奇迹。

个体心理学之父阿德勒认为，生理缺陷的孩子如果没有受到积极地引导，很容易曲解生命的意义。那些天生残疾的儿童，心智发展相对正常儿童会比较缓慢。他们需要比正常儿童付出更多心智上的努力和意志力，才能达成同样的目标。往往他们没有时间精力去关注自己以外的人和事，缺乏社会感情，缺乏合作的精神。如果在成长的过程中，经历过嘲笑和欺辱，可能会更加自卑。这是很严酷的事实，并不是每个人都可以成为一个“奇迹的尼克·胡哲”，他们需要有来自外界的支持、积极的引导，引导他们用不同的眼光看待生命，并重新认知自己。

许多天生残疾的人，学会了将原来的短板转化成优势，通过找到适当的训练技巧，通过训练、不断地练习，使他们成功地将自己的弱势运用起来。贝多芬的许多钢琴曲是在耳聋的状态下谱写的，有许多的画家、作家、诗人饱受视觉障碍的影响。因为想要克服障碍、跨越障碍，不断地训练所达到的程度，与那些从来没有花心思去训练自己的听觉、视觉的普通人相比，反而获得了更加卓越的结果。他们假如可以找到心中的热情，发掘出感兴趣的目标，便借助正确的技巧，不断练习，可以将原本的劣势转化为优势。

但是，只关注弱势是一种很笨拙而且适得其反的行为。

对孩子和家长来说都是如此。只想着自己在某一方面不好，并想从中脱身，其实很难取得真正的进步，想要跨越巨大的障碍，要将关注点放在“将来的我一定会更好”，为了一个可以点燃心中热情，甚至是服务于全人类的宏伟目标去行动，这种渴望与热情会远远地超越当下练习时承受的挫败感。

对家长来说，过度强调也会适得其反。譬如，教师的孩子冥顽不灵，警察的孩子施行暴力，通常发生这样的情况，家长越是想纠正，孩子反而更加对抗，他们用一种消极对抗表达自己是有自己的意愿的。

因此，心理学家认为，只是想着改变自己的弱势是不够的。人的兴趣和关注点应该落在一个比自身更大的目标上，这个目标所带来的成就将远远超越一切阻挡他的障碍，障碍因此而显得渺小，只有这时，孩子才能打起精神，振作起来，穿越这些障碍，走向一个更加宏伟的生命蓝图。

再回忆一下尼克·胡哲的例子，你就能够明白这个道理。当他将自己的整个生命，视为向整个世界与人类的奉献，以自身的生命经验去彰显生命的宝贵，他真正地实现了生命的价值。

第三节　自我防御：矛盾冲突再大也要用爱化解

弗洛伊德的理论中，人格具有 3 个面向：本我、超我和自我。本我与超我总是在矛盾冲突中依靠自我来调节。本我是一个人的原始动力驱使，超我代表一个人的价值观在社会中习得的道德态度。自我是基于实际的、关于物质和自身所处社会现实的观点。

本我和超我，有时发生了妥协，不被调和的部分并没有消失，而是隐藏在不被察觉的无意识之中。压抑，作为一种心理保护机制，此时自行运转。

很多时候，不论是孩子还是父母，都会遇到一种内在冲突的矛盾状态，当自我在寻求表达本我冲动与否定它的超我要求之间的日常冲突中寻找一种保护身心的心理策略时，就发生了这种机制——自我防御。

一个儿童可能心中强烈憎恨他的父亲，但是由于他太弱小，付诸任何行动都会带来危险，压抑这种感觉就会安全。因此，渐渐这种敌对冲动会隐藏起来，虽然它不会被看到，却没有消失。这种压抑的情感始终在人格功能中产生影响，他可能会继而建立起对父亲强烈的认同感，增加自我价值感，并减少内在敌对冲突被发现而产生的无意识恐惧。

有时，被压抑的冲突会在情绪中浮现出来，人们会感到无名情绪或焦虑，这是一种危险信号，此时人们会产生进一步的自我防御。例如，一位不得不放弃工作在家照顾孩子的母亲，心中产生焦虑时将会动用自我防御机制，因为心中的负面想法必须扭转，负面的焦虑情绪会转化为“导致我断送职业生涯，这事我不能怪我的孩子”，进而变为“看，我放弃了工作，我是多么爱我的孩子”。这种自我防御，也是我们自身缓解焦虑的一种功能。

这种自我防御，是一种压抑、自我欺骗。虽然很多时候它奏效了，但人们花了大量时间和心理能量去伪装，这是一种不健康的心理状态。有很多研究证明，对于个人创伤的压抑导致心理上的痛苦。

这种冲突是来自外部压力和内在冲动之间的冲突，冲突越严重压抑得越严重，而压抑得越严重就越痛苦。通常所压抑的是内在追求超越的努力，压抑的结果是对自己无法自我实现，无法自立的怨恨。

弗洛伊德只提出了压抑导致痛苦的经验，并没有给出解决方法，关于释放压抑，解决这种矛盾的方法存在于后来人的研究结果中。

一种解决方法是人本主义学派，其核心是不断强调自我实现的驱动。

自我实现有时会在个体需要自己认可和他人认可之间产生冲突，尤其当这种需要必须以满足某些限制和先决条件时，冲突就很明显。

卡尔·罗杰斯认为，在儿童成长过程中，无条件的积极关注非常重要。父母在教育孩子的过程中，强调的是孩子某种行为上的错误，但不是对孩子本身的不认可。孩子不必努力做到一些条件性的事去获得父母的关爱，尽管他们会犯错，表现不完美，但他们永远会被接纳、被认可、被爱。

不仅是儿童，成人也需要最亲近的人在何种境地都给予自己无条件的、积极的关注，而不是总被纠正，试图被改变。

凯伦·霍尼也是主张人本主义理论的心理学家，她认为这种“自我悦纳”非常重要，它可以为儿童创造出一种良性环境，让孩子在爱中感受到自由，更可以真情流露，还可以在情绪、自我、认知上自然发展出完整性。假如缺乏这种无条件的接纳，很容易阻碍了人与人之间有效关系的建立，这种焦虑感会导致“自我防御”机制的启动，造成对抗、疏远以及自我人格中总是存在的矛盾。

人本主义学派的主张有一种先天倾向性，认为人先天具有完整性，自性圆满，外在环境很多时候是一种限制和障碍，一旦可以将外在环境的负面影响降低到最小，人自身的自我实现会驱动，会引导个体选择更开阔的环境，自发地创造、成长。

人本主义与弗洛伊德的精神分析还有一个不同之处，就在于人本主义不认为过去的经验会主导人的行为，不提倡反复咀嚼过去的痛苦经验，而是更关注人内生的创造力，关注不断改造会让生活更加美好。

最明显的例子，是当我们阅读名人传记时，在不同境遇下的个体展现出的卓越精神动力，便可以代表这种观点——每个人都拥有无限的潜力，每个人都可以追求自我实现。

第四节 自我价值感：既不自卑，也不优越

个体心理学之父阿德勒认为，每一个人都有永远存在的自卑感，这是我们做出超越行为的驱动力。自卑感是人类所共有的，因为它源于婴儿时期，每一个婴儿都是弱小的、无助的，完全依赖成人。当婴儿意识到父母拥有更大的权力和力量，自己不能抵抗，便产生了这种深深的自卑感。但这种自卑却是人类不断奋斗的动力。

我们看到很多例子，有些人成为医生或药剂师，是因为他们在年纪很小的时候就面临过疾病或死亡，或许是家人或兄弟姐妹的死去，来自生命不安全感，让他们在之后的发展中，致力于为自己或他人找到对抗死亡或疾病的方法。

人们的一生为很多东西而努力，不断地想要超越是生命的基本现象，这种超越作为人生的终极目标，并不代表只想超越其他人，而是想要超越自己，通过努力让自己变得更加完美。如果这个目标还能包含有利于他人和更广泛的社会，那这个目标就拥有社会情感的高度，拥有不同高度目标的人，在行为上表现出来的品质也是不同的，当一个人的目标被清晰地勾勒出来时，那么他的潜能就会被激发出来去匹配他的目标。无论在任何情况下，一个人都愿意努力突破这些限制来实现他的终极理想，也正是这个过程，推动了人类和社会的发展。

在孩子成长的过程中，会经历许多尝试，有的尝试成功了，有的尝试失败了。从婴儿时期，第一次把玩具扔出小床，第一次把抽屉里的东西翻出来，婴儿便开始了尝试和探索。父母给孩子的积极关注会塑造孩子的价值感。这是心理学家罗杰斯提出的——有条件积极关注，父母看到婴儿做出各种反应，有的给予支持，有的给予批评，有时父母觉得让他们喜悦的行为是可以接受的，让他们厌烦的行为是不能接纳的。因此，婴儿逐渐学习到有的行为可以得到父母的奖励，有的则不会。因而学习到的价值感，是内化了父母的标准，根据父母的定义来看待自己有价值还是没有价值，好或者坏。这种思维信念也会延伸到成年以后。

奥南朵是一位知名心理治疗师，在她成为心理治疗师之前是一位金融从业者，她努力工作，表现优秀，成为一名金融记者，收入丰厚，但她在生活中的经验与自我概念的不一致让她身心疲惫。她觉得自己总是试图取悦他人，只为了获得他人认可、重视，而放弃自己的尊严。这源于她儿童时代的深刻信念，总有一种深深的无价值感，觉得自己不够好。最后，她在自己事业功成名就时，放弃了收入丰厚的工作，成为一名心理治疗师。

自卑与超越总是结伴而行，理想的情况下，是我们在成长过程中学习到抑制不被接纳的行为，但同时不会否认和扭曲不被接纳的理解世界的方式。自我概念和经验之间是否有一致性，决定了心理的健康水平，也就是我们的自我价值感。

罗杰斯提出，具有完善的自我价值感，是心理的发展和社会演化所期待的结果。自我价值感完善的人具备这样的特质。

▶ 对自己过去的成绩，不论结果好坏，都能敞开接纳。

- 对即将结束或已经结束的人际关系，都可以敞开接纳
- 对所有的经验，都可以保持好奇心、求知欲。
- 认可自己的行为，选择。
- 敢于自由做出选择。
- 拥有创造力。
- 能够采取主动。
- 持续地追求成长，持续地追求最大化的个人潜能。

其实，在每个人脑海中都不断有一个批判声音，这些从年幼就开始的批判声音如影随形，它们来自过去的失败（错误经验）时听到的批判，后来内化为自我批判的机制。但是，自我价值感很好的人，会更好地接纳自己，他们对于积极的感受，比如，勇气、进取、亲和都接纳，同时对于消极的感受，比如，恐惧、失落，也是开放的态度。

他们相信自己的智慧、理智判断，也能接纳社会规范，他们可以将所有信息整合起来，做出正确的选择，他们拥有理智，但是当他们自由、勇敢地做出自主决策的时候，会显得情绪化、直觉化。因为他们相信，未来取决于自己的行动，要自己为自己负责，而不是依赖于外部环境，因此他们在做出选择时，更加自由、勇敢。

自我价值感完善的人，他们理解当环境改变时需要积极适应。他们不会因为过于追求安全感，而不敢走出舒适区，因此他们接纳失去、告别、失败、改变，他们非常灵活、主动地寻求新的经验和挑战。

心理学家为了发现自我价值感在孩子早期教育中的影响因素，

他们做了许多观察，通过比较 56 个家庭发现了一条重要的因素：母亲的自我接纳程度与孩子的自我价值感完善有关。

研究发现，能够实事求是地接纳自己的人，也可以更好地接纳他人。能够自我接纳的母亲与无法自我接纳的母亲有显著的差异，能够自我接纳的母亲更能接受孩子的天性，孩子的自我接纳程度也取决于母亲的自我接纳程度。

对成年人的研究也发现，自我接纳程度高的个体，有更积极的发展。

许多研究都支持这一观点：相比无法接纳孩子的权威型父母，无条件接纳孩子的民主型父母能够养育出更高自尊水平、更高情绪安全感的孩子。提供无条件积极关注的父母，支持孩子无限制表达自己的父母，能够养育出更有创造性潜能的孩子。

第五节　心理与外形：快乐的孩子拥有更健康的体魄

无论是现代心理学家、生物学家，还是古代医学家、禅学家都指出身体与心灵之间拥有密切的关系。

文学作品中的人，将身形与性格一同塑造，可以传达给读者这个人是个什么样的人，这样的例子实在是太多了，比如，莎士比亚戏剧中的尤里乌斯，“圆圆的脑袋，整夜安眠”，还有曹雪芹笔下的薛宝钗，“体态丰满，肌肤白皙”，这一类型的人生理层面上觉得自己很健康，心理上没有烦恼，心理学家称他们为“外向者”，这一类人的身体不会给他们带来焦虑。

还有一种类型的人，属于神经质类型，或者被心理学家们称为“内向者”，他们通常身形消瘦，头尖尖的，这类人通常对自己的身体有感到困扰，成长过程中偏向悲观，更加内向。比如，莎士比亚戏剧中的卡西乌斯，被描写成“饥饿消瘦、思虑太多”，还有曹雪芹笔下的林黛玉，“态生两靥之愁，娇袭一身之病。泪光点点，娇喘微微”。还有人们常说的“胖和尚、瘦道士”，都代表人们对心理、性格与外形之间的联系已经有了一些经验上的认知。

但这种简单的分类并不完整，专门研究这一课题的心理学家也承认存在很多混合的类型，而我们需要关注的是长期的生活习惯、心理习惯将人们塑造成怎样的个体，精神上的完整性是更加重要的。

心理学家认为，在集体意识中存在着一个健康的标准，偏离这个标准太多的人会被集体认定为不被接纳。大多数人不喜欢那些具有明显身体特征的人，太胖太矮，容貌丑陋或畸形，人们通常避之不及，因此在无意识中，人们认为这些人是无法与之合作的，这是集体意识中的错误，因为人们的判断基于经验，所以很难纠正，对于身体有明显缺陷的人，自身缺陷被放大，心理学家并没有找到纠正集体意识的有效做法，但是发现有一些少有个例，他们超越了集体意识的限制，实现了自我。

在古代医学相关的观点中认同心理与身体存在联系，例如，《素问·宣明五气篇》记载："五脏所藏：心藏神，肺藏魄，肝藏魂，脾藏意，肾藏志。"中医认为"肝藏魂"，肝气不可以不压制，魂可以看作人的使命，就像人生的使命，同样不可以被扭曲或忽视。"肾藏志"代表肾气强壮，人更有志气、胆识、意志力。在《类经·脏象类》记载"神气为德，如光明爽朗，聪慧灵通之类皆是也""是以心正则万神俱正，心邪则万神俱邪"，关于人体与心灵之间的关系，古人探寻已久。

现代心理学家和脑科学家们，也发现运动对大脑前额皮质和脑细胞的发育有很重要的作用。运动除了带来更健全的外形、健康的体魄，还可以塑造人的意志力，意志力对于人的生活、工作、人际关系等起到非常重要的作用，更多关于意志力的话题在第四章中会有更多的讨论。

波士顿有一家非营利性组织——sole train，有一个针对高危青少年的马拉松训练项目，这个项目针对的孩子 90% 是创伤后应激综合征患者，有的生活在贫困社区。有 40 个志愿者参与了这项支持项目，帮助 150 名高危青少年。他们制定的目标是“不和任何人作对，自己与自己竞争”，他们能够给予孩子们的支持便是陪伴他们跑马拉松训练。

他们在每个周末训练，所有人站成一个圆圈，手臂搭在身边人的身上，互相支持，他们轮流走到圆圈中，说出自己的目标或给他人的鼓励，有人会说：“我希望自己慢慢跑，有人一直在我身边陪伴。”有人会说：“我希望大家都能坚持。”这拉近了每个人之间的距离，增强了他们的联结感。然后大家开始做拉伸热身运动，之后他们会互相陪伴着，跑完 5 千米。这个过程很艰难，但是每个人都在坚持，向自己挑战，或者互相加油。

在所有人都完成了 5 千米的比赛以后，大家再次站成一个圆圈，分享自己的感受。他们大汗淋漓，但是都充满了成就感，有的孩子会说：“这太痛苦了，但是让我感觉很棒。”有的孩子会说：“我们大家都完成了，这真好。”还有的孩子会说：“我很高兴成为你们中的一员，感谢大家。”

这是一项成绩卓越的训练项目，在训练开始之前，这些孩子有的在接受创伤后应激反应治疗，有的因为噩梦夜不能寐，有的在清早喝得醉醺醺的去上学，但是他们在一年的马拉松训练之后，表现出惊人的自律、领导力、亲和力、团队合作意识，他们能够挑战自我，完成 5 千米的马拉松，可以自信地和同伴导师交流，还能够支持他人并懂得感恩。这对普通的孩子来说，都是难得的可贵品质，何况对于曾经身陷困境的高危群体。

因此，当我们去考虑孩子的性格、心理问题时，并不能仅仅“头疼医头，脚疼医脚”，我们需要整体地看孩子的生活方式、身体状况、生活环境。心理学与生物学是一体，心灵与身体交互作用。当我们考虑精神、心理的完整性时，还要把身体一同考虑进来，才是真正的完整。

第六节　拖延的习惯：不知不觉中消耗的是健康

教师布置了一项作业，教授交代了一篇论文，这都是在学习生活中经常会遇到的压力事件，在面对这样的压力事件时，一些学生选择尽早完成，还有一些学生总是喜欢拖延到最后一分钟。究竟怎样选择自己的行为，对自身更加有益？

心理学家设计了一套测量方法，量化拖延与不拖延的学生的行为，监测一整个学期提交论文的过程中的拖延情况，以及学期末身体是否出现了不适的症状。结果显示，拖延的学生在学期末身体出现不适症状的情况是不拖延的学生的两倍。

那些不拖延的学生，在学期初感到了压力，随着逐渐完成课业任务，压力逐步减轻。而习惯拖延的学生，随着拖延的时间流逝，压力堆积增多，恰恰到了学期末最需要以最佳状态来应对的时间里，他们却“病”得很厉害。

尽量在时间线之前抢先完成的心态是更好的行为策略。如果孩子有习惯性的拖延，就要去改变这一行为习惯，因为其代价不仅仅是成绩，还有健康。

在成人的生活中，拖延也体现在很多方面，如果一段时间你感觉到精神不振与疲惫，就去检视自己的生活中堆积了多少未完成的事项，未付的账单，未采购的灯泡，未兑现的承诺，将这些拖延许久的代办事项清零，你会发现原来有这么多不知不觉中被消耗掉的能量。

在审视自身的拖延情况时，还可能发生一种无意识的拖延，其中包含着一种因“罪恶感”而引起的恶性循环。为了验证“罪恶感”会加重自我放纵的心理，心理学家设计了一项实验。

这项实验邀请了一些正在节食减肥的女性，将她们分为两组，这两组女性都吃了一整个巧克力甜甜圈，然后为了让她们获得饱腹感又请她们喝了一整杯水。饱腹感增加了节食中的女性的心理负罪感。心理学家对其中一组女性，采取了一切减轻负罪感的措施，例如，告诉她们偶尔让自己紧绷的神经放松下来是有好处的，不必为刚才吃了一整个巧克力甜甜圈而感到自责，而对另一组女性并没有采取这样的干预措施。接下来，心理学家又对这两组女性分发了其他种类的甜食，包括彩虹糖、糖浆松饼、巧克力，心理学家告诉这两组女性，她们需要试吃每一种糖果，并按照自己的喜好为这些糖果排序，试吃多少都随意。

结果，没有采取干预措施的女性，由于已经有了“负罪感”，认为自己的节食减肥计划已经失败了，那再多吃些糖果也没什么关系，最终吃下了更多的糖果。在测试结束以后，心理学家称重了分发给每个人的糖果碗。拥有“自我原谅”的女性吃下了 28 克糖果，而带着“负罪感”的女性吃下了 70 克糖果。

这个实验的结果几乎违反我们对于“严格自控”的常识，我们都认为对自己严厉一点能够更加自控，但事实却是相反的，“苛刻地对待自己”并没有让自己承担更多的责任，反而消耗了自我效能感和坚持的意愿。

同样有调查专门观察了考试拖延和自我原谅之间的关系，心理学家专门跟踪了那些有过拖延行为的学生，他们对自己第一次拖延的态度越严厉，越有可能在下一次考试前变得更加拖延。反而那些能够原谅自己的学生，可以很快地从错误中恢复过来，摆脱失败后的失落情绪，更快地振作起来。

对于年龄很小的孩子，严格要求他们是必要的，他们需要通过严苛自己来学会自律。但是对于已经成长起来的青少年，严格批评自己并不会让他们有更好的表现。相反，出人意料的实验结果告诉我们，自我原谅的人更有可能承担责任，更有可能在挫折面前接纳别人的建议，并从失败中学习如何重新站起来。

每个人都是凡人，都会遭遇压力的测试和意志力的考验，这便是我们学习与成长要经历的过程。为了你的身体健康，尽量不要拖延。为了你的心理健康和未来更好的表现，更要学会自我原谅。

第七节　诚实可贵：长期说谎会改变大脑的结构

帕坦伽利在瑜伽经典的讲述中，道出关于语言的真相：“一个从来不说谎的人，他的语言是洁净的，这样的语言具有不可思议的力量。”

如今，研究人员在解析人类语言的形成、大脑运作机制，以及人们讲话时大脑与机体的一系列反应后，证实了先哲的话。

现代社会中，人们在交流的时候，努力达到情感互动、商业与协商目的，“诚实真实”成为有限条件下可妥协的一个标准。有一份报告调查显示，多数人平均每天说谎 1 ～ 3 次。想象下一个人每天说谎 3 次，若按照先哲的标准，他的语言可绝对算不上“洁净”，更谈不上帕坦伽利所言的“具有不可思议的力量”了。

为什么人们喜欢说谎呢？研究人员发现，说谎分为两种情形，一种情形是程度比较轻的谎言，这样的“小谎”看起来似乎无关紧要，从说谎动机来说，主要是为了“避免尴尬”“减少麻烦”，比如，约会迟到的时候，可能会随口说出“因为塞车”；没做作业，随口说出“忘带了书本”。另一种情形是程度比较重的谎言，它通常是隐瞒个人过失、隐瞒私情。说出这样谎言的动机，是为了实现个人的利益和特权，而做出欺瞒他人的行为。

对于这两种不同轻重程度的说谎者，研究人员分别研究了他们编造谎言的心理机制。那些为了“避免尴尬”“减少麻烦”的小谎，并不一定“避免了尴尬”或者“节省麻烦”，这要看情况。研究人员发现，如果你已经提前预料到有人会问问题，并且提前编造好了一套“谎言”，这时你说出来的“话”会比较流利，假如你需要当场回答一个尴尬的问题，说谎者讲话会不流畅，合理性低，并提供不出相关细节。

研究人员用功能性磁共振成像扫描那些因为犯错而说谎的人的脑区，由于错误内在存在的内疚感，会导致说谎时负责计划、语言以及情绪部分的脑区异常活跃。从情绪、心理、大脑、身体层面上来讲，说谎都不是一个很好的体验。

当研究人员检测那些长期说谎、高频率说谎的说谎者的脑区时，还有进一步的发现，这些说谎者的脑结构功能性磁共振成像结果显示，由于长期“说谎练习”，更多类型的大脑组织参与了这项组织编造活动，以使神经元之间彼此传递信息，大脑前额皮质负责控制计划的重要部分与普通人明显不同，使他们非常善于编造谎言。那些“欺骗团伙”中的骗子总是如此让人气愤，原因可能是这些高频率说谎者用长期谎言的习惯改变了自己的大脑结构。

就像人人都明白要有良好的生理卫生习惯一样，我们的语言卫生也要建立习惯。不论是一个“小谎”，还是一个“大谎”，甚至是我们所说的“善意的谎言”都应该避免。如果你为了不伤害某些人的情感，而不说出真相时，你可以选择“我什么都不想说”，代替一个刻意编造的谎言。相比惩罚一个说谎的孩子，去了解谎言背后的动机以及创造一个鼓励诚实的环境，更加重要。

“诚实”是一项重要的语言卫生习惯，它能帮助你拥有更健康、更洁净的大脑，也能带给你无限的“力量”。

第三章
遵从生物节律

第一节　条件反射原理：积累小的进步　取得大的成果

1904 年，俄国生理学家伊万·巴甫洛夫意外地获得一项心理学领域的重要发现，并获得了诺贝尔奖。他在研究消化系统的时候，意外地发现了心理学上一个重要研究结果，这个重要的发现，就是“经典条件反射”。

这个著名的被称为“巴甫洛夫的狗”的实验，最初的研究是用一种特殊设计管子植入狗的消化器官，将分泌液导入容器，并进行测量分析。为了获得消化器官的分泌液，巴甫洛夫的助手将肉末重复放进狗的嘴里。在这个过程重复了很多次以后，巴甫洛夫发现狗表现出超乎他意料之外的行为——在肉末还没有放进嘴里之前，狗就开始分泌唾液了，后来当狗听见助手向自己走来的脚步声时，就已经开始分泌唾液了。这激起了这位生理学家的兴趣，他放弃了生理学对消化系统的研究，转向了这种“经典条件反射”的心理学研究，从此改变了心理学发展的进程。

拥有丰富实践经验和技巧的巴甫洛夫，依照简洁而效应一流的程序逐步发现了能够使狗条件反射地分泌唾液的必要条件，他每隔一段时间，先给予一定的刺激条件，然后再给狗喂食。起初，一个声音可能对狗来说毫无意义，狗的反应只是竖起耳朵，或者摇摇尾巴，随着声音与喂食的反复匹配训练，分泌唾液的反应出现了。在可控条件下，声音就可以条件反射性地引起狗分泌唾液。在实验中，灯光、声音等信号，都可以经训练匹配一个条件性的反射。

这项发现为人们打开了一扇窗，很多最初的无条件刺激才可以具备的刺激，可以由无条件刺激来获得影响行为的力量。人类似乎天生就有这种能力，通过不断地学习，获得了进化，人类学习的产生，最初就是因为“经典条件反射”创造出的这种 CS-CR（条件刺激—条件反射）的连接。

“经典条件反射”可以帮助我们理解很多现实中的行为，有时是正向的，有时是负向的。

“一朝被蛇咬，十年怕井绳”描述的就是一个“经典条件反射”情景。曾经被狗咬过的小孩，一旦看见狗，就可能会有强烈的恐惧，以及一系列心理与生理的反应。还有一种常见的负面场景，如果你看过恐怖电影，有时只要某种类型的背景音乐或声效响起，你就已经体验到了某种可能与之联系的电影画面，而感受到反射性的生理与心理厌恶。这都是在我们无意识情景下，学习到的“经典条件反射”，所建立的 CS-CR 连接。

还有一些正面的“经典条件反射”的运用，比如，看到我们喜爱的明星偶像所代言的产品，尽管还没有体验过产品的品质与效果究竟如何，我们已经对它有了一定程度的“热爱”。

我们都在无意识中受到“经典条件反射”的影响，如果没有经过特别的训练，光靠我们的头脑分析思考，是无法克服它的影响的。最能测试你对这种现象理解的问题是：如果一块做成“狗屎”形状的蛋糕摆在你面前，你会愿意尝一尝吗？

在学校里，总是有一些逃学旷课的学生，他们在没走进教室之前，可能就感到某种“条件反射”引起的厌恶，促使他们无法走进教室。也许是反复的挫败感、否定、批评、排斥、讽刺或嘲笑，建立起的条件反射。

有时教师或家长，会无意识地创造出一种“经典条件反射”让自己和孩子都对他们共同度过的教学时间倍感压力，还没有开始学习，就先感到头疼了。你有没有说过这样的话：“一想到辅导孩子做作业，我头都大了！”“又要上课了，真是不想去！”好好思考一下，你无意识中，已经反复地训练自己和孩子建立了什么样的“条件反射”连接？是来自家长和教师的责骂侮辱，建立了孩子的头昏脑涨和自己的血压升高吗？

常在生活中思考“经典条件反射”如何影响我们的学习行为会让我们的投入与产出都更加轻而易举。

“经典条件反射”可以让我们的感受与情绪放大数倍，不论这种影响是消极的还是积极的。设想一下，一个光线明亮、空气清新的教室，教师带着严厉感与亲近感，接纳每个人的不同，共创的是一个充满挑战、令人感到新鲜与兴奋、感受到接纳感与归属感的学习情景，这会给学生建立什么样的“经典条件反射”？当学习与一种可以重复的兴奋感去连接的时候，会有什么样的效果？

最重要的仍是正视自己，从内部创造激励自己的动机。无论在学习、在外部可能被什么样的机制所影响，改变我们的理解动机远比改变我们看不见的影响更容易。

20 世纪 60 年代以后，随着心理学家们对“经典条件反射”更加深入的研究，在突破环境与行为关系的影响时，更多思考个体基因遗传的天赋或限制。其中一个领悟是从老鼠身上获得的，这是一种强大的学习机制，发现这个机制是从研究老鼠的天生本领中得来的，这个机制被心理学家们称为“味觉－厌恶学习”。

老鼠天生就可以品尝各种食物，每当遇到一种新的食物时，它们只吃一点点，只有没有不舒适感的时候，才会确定再去吃同一种食物。仅仅通过一次不舒适的体验，它们永远都可以辨别出这种“有害”食物。这就是“味觉－厌恶学习”机制，不同于“经典条件反射”的多次重复训练形成匹配，“味觉－厌恶学习”只需经历一次记忆深刻的体验就可以形成反应联结。

在老鼠的“味觉－厌恶学习”机制的基础上，研究人员设计了另一个实验：研究人员训练老鼠练习转动轮子，在练习之前喝杏仁味的饮料。老鼠每天都要练习3个小时。在完成练习任务后，老鼠喝另一种橘子口味的饮料。经过一段时间，研究人员开始测试老鼠对饮料口味的偏好，让它们随机选择不同味道的饮料。结果非常有趣，老鼠都不喜欢在练习之前喝到的那种饮料，但是更偏向于喜欢完成练习之后喝到的那种口味的饮料。

很多人都有过类似的感受，当适应了某项运动以后，更加喜欢运动之后的感觉。老鼠对饮料口味的选择也说明了，通过大量练习所带来的积极感受，远远超过了开始练习前的抗拒感。下一次，当你想开始一项运动或技能训练前，只需简单相信，完成之后所带来的积极感受会远远超过眼下的障碍，就可以更好地激励自己去行动。

心理学家为了研究行为塑造的各种方法，训练过狗操纵按压杆，猫逃脱笼子，可谓竭尽所能，在这些有趣而意义深远的合作中凝结出许多具有实用意义的经验，譬如，如果你想训练老鼠学习一项全新、复杂的行为，你需要一套科学的方法——连续接近塑造法。这套方法的具体操作指导就在于，你要对任何连续接近并最终与预期目标反应匹配的行为去做强化。

这套方法已经被体育界运用在了强化训练上，并取得了很好的效果。1997 年，一位 21 岁的撑竿跳高运动员与研究人员共同合作，纠正他在撑竿跳高中遇到的技术问题。这位运动员的技术瓶颈是，在起跳前不能充分地完全伸展自己的手臂使撑竿高于自己的头顶。在干预训练之前他的平均成绩是 2.25 米的高度，根据测量，他理论上是可以实现 2.54 米的最大潜能高度，这次的实验目的是帮助他实现这个目标。

研究人员设计了一个电光柱装置，当运动员达到某个理想目标高度时，电光柱自动灭掉，并发出“哔哔”声。这个“哔哔”声的设计目的，便是一个条件性的强化物。而电光柱的高度，则被设计成逐步接近于目标的高度，最初的目标高度是 2.3 米，当运动员可以达到 90% 次数完成度的时候，目标提高至 2.35 米。进一步完成目标后，电光柱的高度被提升至 2.4 米、2.45 米、2.5 米和 2.52 米。通过这样的训练机制，研究人员成功地塑造了运动员的新行为，这位运动员最终实现了他理论上的最大潜能高度 2.54 米。

让一位运动员自觉地将身高加手臂伸长 0.27 米的距离是很难的，但通过连续接近塑造法来塑造行为，却让这一难以跨越的距离轻而易举地实现了。

心理学在行为、学习过程上的研究，让善于学习的人类获得了更多的途径，了解我们的学习机制如何运作。

第二节　生物钟：“夜猫子”和“早鸟”的时间表

法国地质学家西佛伊在地下洞穴中研究地质，但是他突发奇想，他不带钟表独自在地下洞穴中生活一个月。每一天他向地面团队报告自己的每一个活动，起床、吃饭、睡觉。在没有时间指导的地下生活，很快西佛伊就失去了时间感。但是令人惊奇的是，地面团队记录下他的作息，仍然保持着大约 24 小时的睡和醒的周期。这说明，人体内部有一个时钟，独立于地球的运转之外，自主性地让我们保持着生物节律。

科学家已经发现人体内部的“定时器”设定的周期是 24 小时 18 分钟，每天都晒太阳会帮助人体内的时钟进行一些微调。我们每个人的唤醒水平、新陈代谢、心率和体温在一天中的每个时段都会经历变化，这些变化对于每个人来说都是不同的，这就是每个人的个体“生物钟”。根据研究者观察“生物钟”最明显的体现，是人们从睡觉到觉醒的模式不同。

有人偏好午夜睡觉，有人偏好早睡早起，分别俗称“夜猫子”和“早鸟”。

随着人们年纪的增长，也更容易偏向于早睡早起，老年人通常都是“早鸟”。根据加州大学伯克利分校人类睡眠研究中心的科学家马修·沃克的说法，大约有 40% 的人是天生“早鸟型”，30% 的人是天生“夜猫子型”，这是他们 DNA 决定的“内置时钟”，并不是由他们的意志决定的。

由于“夜猫子”和“早鸟”的生物钟一天开始的时间不同，他们在一天中最佳表现的时段也是不同的。研究人员对一组40名青少年做了一个实验，他们都是很典型的“夜猫子”或者“早鸟”，分别在最佳时段和非最佳时段参加智力测验。例如，让“早鸟型”学生分别在早上和下午完成测验，结果发现，在最佳时段完成智力测验比非最佳时段完成智力测验高6分。

除了智力上的表现差异，在社交性活动中也有表现差异，“夜猫子型”的学生，由于清早被闹钟叫醒，导致全天与自身生物种的不同步，表现出了一种“社交时差”，他们在学校里的社交、团体沟通方面都没有发挥出最好的状态。与自身的“生物钟”不同步，对成绩和行为都有负面的影响。

科学家们发现，人体“内置时钟”，位于我们大脑上方前端的视交叉上核。视交叉上核帮助我们计算时间的流逝，它不仅帮助我们计算睡和醒的时间，也调节我们一天的生活规律。负责感受压力的皮质醇，随着从早到晚逐渐升高，在刚睡醒时人们皮质醇很低，感受没有压力，但也并不是完全清醒，没有力量，所以有的人需要喝一杯咖啡，或者做一些伸展运动让自己清醒。身体的柔软度，随着从早到晚是升高的，所以练习舞蹈在晚上的拉伸比早上刚醒时更容易。对于疼痛的忍受度，越到晚上会越迟钝。

由于少数基因决定了人们生物钟模式，如果发生单个基因的突变，就有可能导致睡眠的紊乱，有一种罕见的症状叫前进睡眠阶段症状，体现的症状是无论前一天多晚睡，第二天都会在很早的时候醒来，有一些人不得不在他人深深熟睡的凌晨时醒来，而在其他人傍晚活跃活动的时候，却开始昏昏欲睡。这样的人，作息时间可能是晚上 7 点入睡早上 3 点醒来。他们的症状，由单个基因突变导致，因此需要适应自己仿佛生活在另一个时区的特殊性，为自己单独规划、安排生活与工作。

与前进睡眠阶段症状相反，另一个极端的症状叫作睡眠时相延迟综合症状，这类人群的作息时间可能是夜里 2 点以后入睡，早上 10 点以后起床。患有睡眠时相延迟综合症状的人群，可以有规律的作息，白天依然精力很好。患有睡眠时相延迟综合症状的人群的数量，近年呈现明显增长的趋势，这可能是一种人类进化的现象，随着城市生活节奏越来越快，压力越来越大，人类活动广泛程度、活跃程度的增加，为了适应社会变化，“越睡越晚”也可能成为一种自然趋势。

根据中国青少年研究中心的一份报告，国家规定中小学生睡足 9 小时，但是目前中国有六成的中小学生，每天睡不足 9 小时。这一比例从 2015 年开始，一直在上升。从 2013 年至 2018 年，中国人的人均睡眠时间由每天 8.8 小时下降到 6.5 小时。

在一份阿里消费习惯的数据中显示，18 ～ 25 岁失眠人士的购物清单中，除了保健品，购买数量最多的是“考研书籍”，准备考研考试，可能是这个群体失眠的主要原因。

在另一份数据中显示，36% 的“90 后”睡前玩手机超过 50 分钟，他们玩手机的时间远远超过前几代人。玩手机的习惯，成为睡眠时相延迟综合症状的一个诱因。

在某论坛上，有一个关于“熬夜玩手机”的热门问答，点赞最高的一条回复是：熬夜的快感是一种报复性熬夜。哪怕身体已经很累、很困，仍然想要做一些“自己的事”，找到独处的感觉，找回自我的平衡。

从这些数据的结果来看，晚睡除了生理问题，也有心理和社会的问题。因此，早睡与晚睡，不仅仅取决于生物钟，也取决于我们的心理是否有压力、焦虑、恐惧，是否可以自我调适、重获平衡。

有一些建议，可以帮助孩子更好地与自己的“生物钟”做朋友。

▶ 对于“早鸟”们，可以通过中午午睡，或做一些放松冥想练习补充精力，以便应对下午时“非最佳表现时段”的学习和工作。

▶ 对于“夜猫子”们，可以选择工作时间开始和结束偏晚的时间，根据自己的特点调整。

▶ 对于一定要早起去上课的“夜猫子型”学生，为了避免出现与自己的生物钟不同步所引起的表现不佳，要尽量通过自身的调整功能进行微调，人体的生物钟是可以自动进行调节的，阳光可以帮助这一生物调节的完成。在白天增加室外直接接触阳光的时间，让阳光促进身体更多分泌“褪黑素”，来促进夜晚早些入睡。

▶ “夜猫子”们也可以在晚上，提前准备，听一些催眠引导的音乐，练习自我催眠式放松，将入睡时间提前，以便第二天有更好的表现。

▶ 无论你是哪一种生物钟，早上起来花 10 分钟做舒缓的伸展运动，可以帮助清醒，让皮质醇快速提升到正常水平，也可以提前热身，适应一天的身体活动。

第三节　睡眠与做梦：好好睡觉，人生也可以“躺赢”

人一天有 1/3 的时间是在睡眠中度过的，它之所以占了我们生命中这样长的时间是因为它有重要的作用。

1937 年，研究睡眠的方法获得了突破，开始使用脑电图技术来观察记录人在睡眠时的脑电波。在大量的观察人们睡眠中的脑电波活动以后，研究人员发现了一段睡眠存在周期性的间隔：快速眼动周期和非快速眼动周期。即人们常说的浅层睡眠和深层睡眠。

这两种睡眠周期都有其重要的意义，在我们谈论其意义之前，先看一下一整晚的睡眠时间里，我们的脑电波是如何变化的。在每晚睡觉前，是人们感到最困倦的时候，那时的脑电波被称为 α 脑电波，它以每秒 14cps（码片速率单位）的速率运动。当你躺下来开始放松时，α 脑电波的速率开始放缓，下降到每秒 8 ～ 12cps 的速率。当你睡着了，就开始进入第一阶段的睡眠周期，此时的脑电波被称为 θ 脑电波，此时你脑电波的速率下降到每秒 3 ～ 7cps 的速率。然后进入第二阶段的睡眠周期，脑电图显示大脑开始发生一种猝发电活动，此时脑电波的速率上升到每秒 12 ～ 14cps。接下来，会进入第三和第四阶段的睡眠周期，你的脑电波减缓至每秒 1 ～ 2cps，这个阶段的脑电波被称为 δ 脑电波，在这种状态下，呼吸和心率都下降至缓慢水平。这 4 个阶段即是一个完整的非快速眼动周期，即深度睡眠阶段。最后一个阶段，你的脑电波活动增加，此时的脑电波形态和第一、第二阶段的很相似，你会开始做梦，这个阶段被称为快速眼动周期，这个阶段类似清醒的时候，所以也被称为异相睡眠。

前面描述的 5 个阶段加起来是一个完整的周期，大约 100 分钟，前 4 个阶段是大约 90 分钟的深度睡眠（非快速眼动周期），最后一个阶段是大约 10 分钟的浅度睡眠（快速眼动周期）。

在一整晚的时间里，你会经历 4 ～ 6 次这样的 100 分钟的周期。在第一次经历这个周期的时候，你在第三和第四阶段的深度放松时间是最长的。等到随后经历每一个 100 分钟周期，深度放松时间都会减少，做梦的时间会增加。到了最后一次周期，可能 100 分钟里，有一个小时都在做梦。

每个人的睡眠时间是不同的，从婴儿时期起，自身的睡眠就开始建造一种自身的节律，每个人所能获得的睡眠时间的多少，也受到自身的意识与行为的影响。

从婴儿时期起，我们就开始养成某种类型的睡眠习惯，白天活动的时长与强度，晚上入睡前的准备，睡眠的环境，早上是否会被唤醒，这些持续一段时间后便可以形成一种稳定的睡眠习惯。

等我们长大以后，是否会熬夜，早上使用闹钟，都决定了我们能够拥有多长时间的睡眠。人们是可以主动选择行为来控制睡眠时长的。长期熬夜，作息不规律，会让自己的睡眠造成紊乱，无法与自身生物节律匹配，紊乱的睡眠会加重这种情形，长期之下更难以启动自身的调节功能。只有你在至少一周的时间内，都能标准化的作息，才能够获得足够的深层睡眠和浅层睡眠时间。

研究人员已经证实深层睡眠最主要的功能是保存和恢复。在觉醒状态下，人们的大脑活动会产生氧化物。这些会损害脑干、下丘脑、海马等脑区神经元的有害毒素只有在深层睡眠时间里才能得到清理。深层睡眠的功能正是修复脑细胞，防止脑损伤。

浅层睡眠的功能与深层睡眠的功能不同，浅层睡眠在婴儿时期是帮助发育运动、视听感觉的。对于成年人，浅层睡眠对学习和记忆十分重要。缺乏浅层睡眠，会对人们的成绩、注意力和工作表现都产生影响。

研究人员做了一项睡眠与学习新任务的相关性实验，研究人员发现，在任务表现上的成绩与前一晚第三、第四阶段的睡眠长短有显著关系。浅层睡眠最多的测试者，其在新任务学习时成绩的提高也是最多的。

因此，不要再用熬夜、剥夺睡眠时间的方式去学习了，更好地利用时间，建立规律的睡眠习惯，让自己好好地睡足睡饱，反而会更好地提升自己的成绩与表现。

假如你能拥有良好的睡眠是一件很幸运的事，很多人在睡眠上是有障碍的，他们饱受失眠的痛苦，无论事业学习还是身体心理都会受到负面的影响。一些严重的失眠，都是由很多原因造成的，包括生理、心理、环境等多种因素。有将近一半的失眠人群，属于主观失眠，造成他们失眠的原因，主要是主观上无法免除各种侵入的想法、情绪的干扰，导致他们即便很想睡也很难入睡。这种失眠更主要是一种入睡障碍，一旦他们可以入睡，有将近 40% 的主观失眠者的睡眠状态是正常的。对于这一类有睡眠障碍的人，需要采取医学或心理学的干预。目前，有很多方式可以干预治疗失眠，但最好的方式是提前预防，不要让自己原本完整的睡眠体系发生紊乱，走向需要医学干预的地步。你只需坚持自律，有长期标准的就寝时间和起床时间，就可以实现。

当我们关注睡眠的时候，同时也会对我们的梦感兴趣。弗洛伊德并不是最早关注梦境的人，甚至有可能连中国的周公（周公解梦）也不是最早的。梦境中的内容有时可以揭示人的无意识愿望、恐惧，在许多的文化中，梦被解释为拥有特殊力量。研究发现，在玛雅文化中，梦的方式可以用于与更广泛的自然和神的沟通。在巴西中部的印第安人群体里，梦中的意境也可以解释为是未来的指引。

弗洛伊德认为的梦境分为潜性梦境和显性梦境，根据梦中的符号和对个体的特殊解读，可以用于精神分析，来了解个体的愿望、恐惧以及精神内部的冲突等问题。

总之，梦具有个人意义，也具有文化意义。

根据研究人员在睡眠实验室中的结果，人们在浅层睡眠和深层睡眠阶段，都会做梦。在深层睡眠阶段的梦，更类似于人们日间的思维，很少伴随感觉、情感的表现。

研究人员认为梦的内容并不是随机的，在浅层睡眠阶段做梦的时候，海马表现活跃，对情绪记忆发挥重要作用的结构杏仁核也表现得非常活跃。因此，梦有一个很重要的功能，即有可能将过去记忆、体验与新近的经验、情绪、愿望和目标以及问题都统合起来的。这说明梦在帮助我们思考、分析，将我们的过去、现在和未来组合在一起。

能够了解自己的梦，对理解自己的内在冲突、过去与现在的状态都可以有所启示。有时候，你很想记录下你的梦，却发现早上醒来什么都不记得。心理学家提示，在浅层睡眠期间或者浅层睡眠快结束时被唤醒，更容易记得自己做了什么梦，你可以通过调整闹钟来让自己在浅层睡眠期间醒来，前提是你有规律的睡眠并对自己的睡眠状况很了解。

最后，除了睡眠和梦，我们还可以有一种超越日常生活范围的体验，它不是睡眠，但可以获得类似于睡眠一般深度放松的体验，即催眠。广义上心理学家定义的催眠是一种特别的觉知状态，让人可以对某些暗示产生特殊的反应能力，并在觉知、记忆、动机方面发生主动的、有掌控的变化。

很多人会误认为催眠可能是一种类似安慰剂效应的方式，但催眠所产生的效果不仅仅只是安慰剂，它确实在减轻身体疼痛、心理焦虑或改变个人动机、主动控制行为上有很明显的效果。

但并不是每个人都可以被催眠，可催眠性是评估催眠效果的最主要因素，而不是催眠师的技巧。可催眠性，事实上与一种人格特质非常有关，那就是专注。只有当个体完全专注于自身的想象、经验和体验时，他的可催眠性才可以展现。儿童比成人就更易被催眠，儿童会在观看电影时沉浸其中并忘记了现实世界，这也是一种专注的体现。根据脑电图观察到，可催眠性高的个体，大脑胼胝体前部的区域更大，这个部分与意志力相关，可以抑制无关信息并帮助人保持专注。高催眠性和低催眠性的人群，在同一个测试催眠抑制疼痛的实验中，大脑的反应是不同的，他们报告的疼痛减轻程度也是不同。

催眠，为我们提供了一个探索意识、个人觉知与动机的方式。尤其专注力高的人，会比专注力低的人更容易利用催眠的方式来获得更多的觉知与行为上的自我掌控。

第四节　记忆力：强化薄弱环节，发挥“元记忆”的利器作用

你走在街上，忽然迎面走来一个人，穿着色彩鲜艳的运动衫和你打招呼，你在记忆里努力搜索着他的名字，在哪里见过，你确定你见过这个人，但是却想不起他是谁。对方看出你的尴尬，给予你提醒，两年前我们在一次专业研讨会上有过一次激烈的争论。这样的情景，你曾经遇到过吗？这样的问题产生，是因为你遇到的这个人，身处于不同的环境背景中。

这个现象的特点，被研究“记忆”特征的心理学家们称为“编码特异性”。这一原则表明，当记忆提取时，提取的编码内容与背景相匹配时，记忆最有效。当我们更换记忆提取的背景时，会形成干扰。

研究人员让志愿者潜水员在沙滩或水下学习一些新的单词，然后在不同环境测试，发现回到沙滩或水下测试的单词准确性更接近。研究人员还让学习钢琴的学生做了类似的实验，如果在初次学习某段乐章的钢琴上演奏同一首乐曲，比使用其他钢琴演奏的准确性更高。还有另一个实验，测试的学生在学习单词时的环境中保持着特殊气味，如柠檬或薰衣草，4 周后测试时，当环境中留存同样气味的时候，答案的准确性更高。

这些有趣的研究都证明了人类记忆十分依赖当时所记忆的背

景，在提取记忆的时候，更多地利用与学习记忆时相匹配的背景，协助自己提取记忆。在考试的时候，假如你在提取记忆时遇到了困难，也不妨从其他线索入手，借助于相关的背景来增加提取编码的准确性，恢复到当初形成记忆时的场景。

而从另一个角度反过来再思考如何利用“编码特异性”这个原则时，我们也发现，如果总是在相同的背景下学习内容，再提取时就会发生困难。尤其是对学生来说，考试时很难重现每一个当时的记忆场景，因此主动变换背景去学习与记忆变得非常重要。

作为补救的方法，学习的时候经常变换背景，变化组织笔记的顺序，将不同主题的内容混合在一起去提问，创造自己的奇异组合。这些方法都可以让你的记忆更加扎实。

当科学家们确认了背景与记忆的关系后，又进一步了解到背景的先后位置也有一个经典效应——系列位置效应。

你是否相信，当人们问起今天星期几？你回答这个问题的速度，在一个星期中的开始和结束的位置，会比一个星期中间的位置的几天，几乎快一秒钟。

实验证实了这个结果。这就是系列位置效应所表明的，位置的效应在首位和末尾与中间的位置不同，其位置更具有“首因效应”和“近因效应”。当学生们被要求回忆 6 个、10 个和 15 个单词时，在开始和结束的时候，具有更好的记忆。对于中间部分的内容，记忆力最差，最容易被遗忘。

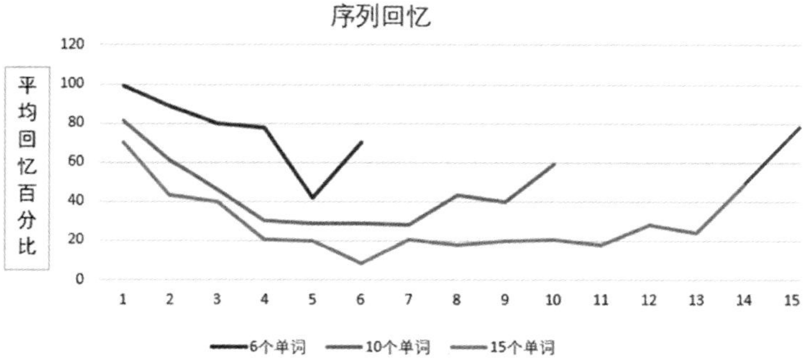

因此，根据这条曲线的普遍性规律，以其记忆研究的结果可以帮助孩子们准备考试。

有这些做法，可以供你参考。

一、孩子们在学习时要尤其留意课程中间的那个时段。根据普遍性规律，这个时段的内容更容易忘记。

二、为了应对课堂中间的这段“更容易被遗忘的时光”，学生要想办法提前预习，做一些准备。

三、在复习这些内容的时候，也要常常变化顺序，让你每一次学习的内容不是以相同的顺序出现，这可以更好地让你掌握学习的内容。

除了背景和顺序的规则，记忆研究人员们发现，有一些聪明、贴心的教师们很早就发现许多学习内容是散乱而无结构的，要记忆那些无组织的信息，可能需要找到一些创造性的重组，以便让孩子们方便记忆。由于那些无结构的散乱信息，涉及大脑中很多不同的部分，它们可以被共同编成一个故事或场景。这便是许多口诀、歌谣、顺口溜、记忆术的由来。这个方法有它的益处，可以将毫无联系、众多无组织信息组合在一起记忆，但这种记忆术、口诀的准确性较低。更好的方式是根据自己的知识背景理解并编制自己可以更好理解记忆的个人化口诀。

个人化口诀是自己记忆系统找到的最适合自己的记忆术捷径。例如，在历史课上出现的人物与事件，孩子可以有自己的想象，创造一个想象的环境，对于这个事件自己的理解，并精细的复述出这些个人化的理解、画面、过程，包括一些细节，就像一个自己写的故事一样。用自己已知的知识，去帮助记忆新的知识，可以更快、更好地将这些新的复杂信息内化为自己的记忆。

最后一个关于记忆研究中很重要的发现叫“元记忆”，它可以简单地解释为“知道自己知道什么的感觉”，也叫“知道感”。

有时候，我们无法明确地回答上来一个问题，但是我们直觉上很确信，这个问题在某种程度上，我们是知道的。这便是“元记忆”，大脑在分析处理信息时，会通过很多线索与相近的信息联系来确保准确性。人们通常对自己“知道什么”有很好的直觉。

因此，当学生在处于考试情景之下，也可以利用“元记忆”，相信自己的“知道感”直觉。例如，你可以很快判断，一些题目你可能“知道”，一些题目你可能“不知道”，在时间的分配上，你就可以更合理地安排，避免在你“不知道”的题目上花费过多的时间，并在你“知道感”很强的那些题目上，多花些心思，确保拿到更多的分数。

第五节　冥想：不仅仅减压，还改善大脑组织

在许多古老的宗教修行中都有冥想的练习，东方的禅修、西方的正念，这些具有千年历史的古老方法，已经被验证过对于关注内在心理和精神，摆脱外在世俗纷扰，而达到一种深度宁静状态非常有效。

随着心理学、医学对心理、精神与身体交互作用的研究不断深入，“冥想”的效用，被证实不仅仅是获得内心平静这么简单，它的益处在心脏、大脑显现出可见的效果证据，并对人的情绪、精神、心理、行为等整体幸福状态都具有非常明显的提升。

在一项研究中，研究人员发现患有心脏病的妇女在进行 8 周正念冥想训练以后，控制组所报告的焦虑水平明显下降，由于焦虑与心脏病病程发展影响显著，冥想对于治愈心脏病提供了证据。

在另一项比较研究中，20 名有冥想经历的志愿者与 15 名没有冥想经历的志愿者，参与核磁共振测量大脑听觉、感觉、运动皮质、脑前额皮质厚度，正如研究人员所假设的，有冥想经历的志愿者相比没有冥想经历的人，这些脑区的皮质更厚。

冥想在另一项研究中被证实可以带来“逆生长”。随着年龄的增长，大脑皮质厚度自然呈现下降，大脑神经元发生自然损失。但在一项比较研究中，拥有 3 年以上禅宗冥想的 13 名个体在年龄、性别和教育水平上匹配了另外 13 名没有冥想经历的参与者。

结果发现，经常练习冥想的参与者，没有出现随着年龄的增长，大脑神经元减少，皮质变薄的现象。

无论从短期还是长期角度，冥想的益处一直存在，很多冥想的实践者都推荐这种练习，它可以增强你的意识，从而帮助你获得“开悟”，一种独立于外界纷扰的清晰视角，看清自己与自己所处的情景。

如今有许多国家，已经为小学生开设冥想练习课程。美国的幼儿园最早在 4 岁，便开始带领儿童练习简单的冥想。英国也已经有 300 家小学开设了冥想课程。

几个冥想练习。

1. 闭上眼睛，放松身体，将脊背坐直，想象自己是一个透明的玻璃瓶，此时只把注意力放在自己的呼吸上，不要控制自己的呼吸长短或者深浅，只是像一个旁观者一样观察自己的呼吸，每一次呼和吸一样长吗？你的呼吸之间有间隙、停顿吗？用 30 分钟的时间，只是静坐，不要做任何控制，让呼吸自然发生，你只是一个旁观者，观察着自己的呼吸。

2. 这一次我们换一种方式，不是观察呼吸，而是有意识地让自己的呼气和吸气所用的时间一样长，数四下吸气，再数四下呼气，呼和吸是均匀的。用 30 分钟时间去练习。

3. 再做一个想象力冥想，闭上眼睛坐着，想象你心脏的后方停着一艘小船，播放一首舒缓安静的音乐，让音乐持续播放 30 分钟，你想象自己坐在这艘小船里，小船从心脏的后方驶入你的心里，让这艘小船载着你去任何你想去的地方。看看你的心和想象会将你带去哪里。

4. 再做一个情绪练习，闭上眼睛坐着，想象一件让你很愤怒的事，让愤怒的感觉在你的身上重现，想象你将这个愤怒放在海边的一块岩石上，大海掀起的巨浪不停地拍打着盛放着你的愤怒的岩石。你可以想象，海浪将岩石一遍一遍地击碎，浪花飞溅，不停地重复这个想法，15 分钟以后，让自己完全安静，什么都不想，只是关注呼吸，静坐。

第四章
意志力与学习

第一节　延迟满足：如何看待长远梦想和短期目标

20 世纪 60 年代，心理学家米歇尔让一群 4 岁的孩子做了一个实验，是现在要一份零食，还是 15 分钟以后要两份零食。研究人员在向孩子们解释完实验规则之后，离开了房间，他们单独测试每个孩子。每个孩子独自待在房间里，房间里有两份零食和一个摇铃，如果孩子们可以等待 15 分钟，等研究人员回到房间后，他们就可以吃两份零食。如果他们不想等待了，他们可以随时摇铃铛，立刻吃掉一份零食。

大多数的孩子，会盯着零食看，想象零食的味道，在看了几秒钟之后，就受不了诱惑，然后立刻吃掉零食；而有一些孩子，他们不会一直盯着零食看。房间里的监控记录下来，有些孩子故意不去看这些零食，他们做一些别的事情分散自己的注意力，有一个小女孩用头发把眼睛挡住，有一个小男孩把铃铛放到远处，这样自己够不到铃铛。这个实验是著名的“棉花糖测试”，它可以很好地预测孩子未来的表现，4 岁的孩子可以等待多久，可以预示将来他的学习、行为，在未来学术、社会上是否可以取得成功。等待时间最长的孩子，在学校也更受欢迎，成绩最高，升学考试时表现更好。这个实验可以揭示许多个体差异，看到孩子是否可以实现长期目标，是否懂得分散自己的注意力来调节压力，如何暂时处理自己的不适感。

个体意志力上的差别，影响长期表现。

从远古时期，人类为了生存和发展便开始使用“意志力”，为了共同生存，要学会合作，而且不能随心所欲。当社会快速发展，人们跟紧时代的步伐，我们更加需要运用好“意志力”。意志力帮助我们抑制“冲动”，做出适宜的选择和决定。现代心理学家在研究“意志力”后，发现“意志力”和“压力”类似，都是“诱惑情形下”的一种应激反应。

在我们面对生活中的各种挑战和考验的时候，比如，考试前抵制电视、网络游戏的诱惑而专心地复习，抵制一盒巧克力，或是夏季折扣促销活动，我们可以“残忍拒绝”，这种“我不要”的能力，便是一种意志力。

在“残忍拒绝”各种来自电视、网络、社交活动，去外面美餐一顿、户外爬山接触自然等一系列或美好或堕落的诱惑之后，你坚定地拔掉家里网线插头、关掉手机，把自己关在房间里专心埋头写毕业论文，这种坚定的“我要做”，也是意志力的一部分。

“我不要”和“我要做”都属于我们的意志力，意志力还有第三种力量：是在任何时候，知道自己真正需要的是什么。在面对每一种选择、抵制诱惑的时候，清楚你最终其实想要的东西——考上理想的学校、健康、升职加薪、幸福和谐、远离债务、远离疾病。只有这样，你才能在关键时刻做出最正确的选择，这就是“我想要”的力量。

“我不要”“我要做”和“我想要”这 3 种能力共同组成“意志力”，生物学家和心理学家们总结，这 3 种能力可以让人选择去做更困难的事。人脑不同的区域负责运作“意志力”的 3 个部分，前额皮质左侧负责运作“我要做”，前额皮质右侧负责运作“我不要”，前额皮质中间靠下的位置负责运作“我想要”，这个区域的活动越强烈，我们采取行动、抵抗诱惑的能力也就越强，这部分代表的是我们的目标——我们真正想要的是什么。

有一个很著名的案例，有一位25岁的年轻建筑工人，在一次车祸中头部受到重创，伤到了他的大脑前额皮质的灰质，医生为他做了一台成功的手术，但是无法修复他损伤的大脑灰质。手术恢复以后，他一切复原得很好，但是性格却与曾经的他截然不同，他无法控制自己的情绪，经常侮辱人，他不能被任何人所控制，医生为他设计的所有康复计划都无法实施，他的亲人和朋友都说他已经不是曾经的那个他。这场车祸造成的大脑前额皮质的创伤，伤害到他的意志力，“我要做”“我不要”“我想要”的能力，在严重的车祸中一同失去了。

普通人并不用担心这种损伤带来的后果，但有时我们也会损失意志力，我们现在所生活的社会，人们面对的诱惑和我们祖先们所面对的诱惑已经不同了。在原始社会里，可能人们要面对的诱惑是，很想不劳而获地去拿隔壁的部落晾晒的肉干，现在我们要面对的诱惑是每分钟弹出的手机信息提醒、邮件对话框、琳琅满目的甜食和垃圾食品、分期付款促进消费的广告，现代社会源源不断的诱惑和刺激不断冲击人们的自控力。

心理学家们发现注意力分散的人，更容易向各种诱惑屈服。有人做了一项测验，让学生们一边背诵电话号码一边采购商品，他们选择巧克力、蛋糕等甜食，不选择水果的概率增加了50%。商场里布置的促销活动，很容易让人采购了原本不在计划内的物品。

有一位大学生，她总是忍不住不停地查阅手机微信，看有没有新消息，这占用她很多时间，在毕业论文准备期间，她感到自己因此效率低下。她因此为自己设立了一个目标，2 个小时的时间里只能翻阅一次手机。起初的一周，她很难控制自己，她的旧习惯非常牢固，经常在她来回翻看手机 30 分钟以后，忽然意识到自己又玩手机了。只有在她能意识到自己正在做什么的时候，她才可以想起来自己制订的计划。

第二周，她将计划调整为尽早意识到自己想要做什么。在接下来的一周里，她可以意识到自己又想去拿手机的冲动。她观察到，这种时不时就想伸手拿手机，然后翻看查找新消息的冲动，简直是匪夷所思，这种感觉让她似乎坐立不安，好像一定要拿起来翻一翻才能心安。

第三周，她继续观察这种冲动，她已经发现在自己想要去拿手机翻阅新消息时，和已经翻阅完之后的感觉并没有任何好转！这时她才意识到，她总想玩手机是想要缓解一种不安情绪，但是其实玩了手机也根本没有让自己的这种不安有任何缓解，只是让时间白白流逝，然后更加不安。

当她认出这个过程之后，她发现自己想要翻微信只是一种冲动反应，而缓解自己不安的真正方法是更专注地完成毕业论文。这种清晰的自我意识，让她增强了意志力，并让她高效地完成了目标。

意志力是人类如此与众不同的能力之一。在做任何事之前，拥有自我意识，知道自己要做什么，正在干什么，因此可以做出正确的选择。

2007 年，哈佛大学的研究人员让黑猩猩和人类在“意志力”上进行了一场比赛，研究人员让 40 个哈佛大学的学生和 19 只来自某灵长类动物研究中心的黑猩猩进行一场对决。双方的挑战任务是看谁能忍住诱惑不吃零食。

由于这些黑猩猩经过数字的训练，它们知道 6 比 2 更好。研究人员给学生们和黑猩猩的题目是，每个测试者都可以立刻吃掉 2 份零食，或者再等 2 分钟吃掉 6 份零食。

比赛的结果是令人吃惊的，大约 72% 的黑猩猩愿意等待去获得 6 份零食，而哈佛大学的学生中大约只有 19% 的人愿意多等待 2 分钟。这说明，人类还没有黑猩猩更有耐心吗？并不是这样。

人类控制冲动的能力绝对不是动物可以相比的，但让哈佛大学的学生败给黑猩猩的原因，是人类的头脑可以给自己编造各种各样的理由来说服自己：“我现在就要吃 2 份零食，我以后还有机会吃 6 份零食。”

并不是前额皮质不擅长自控，而是在选择的时候，人们会为自己的错误决策寻找各种借口。在这一点上，我们很难预知未来，“及时行乐”“享乐于当下”这样的观念便非常普遍，因为人们不爱等待，让“延迟满足”“为了明天而存钱”这样的观念变得难以实现。也正是因此，人们向即时满足屈服了。

这不仅可以解释为什么哈佛大学的学生会败给黑猩猩，也能解释为什么会有人积累了信用卡账单，提前消费不考虑高昂的利率，为什么人类过度开采地球的能源，而不考虑未来可能面对的危机。人们为了享受今天的安逸，宁愿放弃未来的幸福，无法克制自己、延迟满足，而现在马上就要去索取。

经济学家也在这个问题上，提出了金钱的时间价值这样的概念，他们提出，如果今天给你 100 元，一年后给你 110 元，你选哪个？学习过金融概念的人，会拿出计算器来计算各种利率，让他们比较等待 1 年的时间与多收到 10 元钱相比，是否划算。但更多的人都倾向于这样选择：“我更喜欢今天就拿到钱。”

原因是大部分人都想避免失败，人们更喜欢今天就确定的事。如果你首先考虑今天就可以获得 100 元，假如未来会失去，你会觉得自己好像是损失了。这便是人们对自己编造出的各种理由，放弃长期利益，让自己即时满足。我们更应该换一个角度，重新思考，想一想未来可能获得的更好的奖励，放弃当下的即时满足感，让意志力运作起来，在未来便可轻松坐享意志力带来的成果。

行为经济学家将人们不愿意等待以获得更高收益的这种心态，总结为“延迟折扣”，在经济上计算“延迟折扣”可以用利率和时间来给未来的收益打个折，折算成今天的价格。根据黑猩猩和人类的比赛结果，有八成比例的人都会给未来的收益打个“延迟折扣”。这是由于“即时满足感”是人类原始奖励系统，因为人类需要一个更快让自己获得奖励的方式去行动，比如，想吃一个果子，是爬树还是过河。我们需要努力工作 3 年还是 30 年才能获得成果。

我们的大脑在处理“即时满足”和“延迟满足”时，有不同的运作方式。“即时满足感”是一种原始奖励系统，就像人类无论进化到什么时候，见到美食的时候还是会特别的敏感，这种原始的奖励系统，会刺激更多欲望。

行为经济学家认为，人们的意志力是有限的，在我们放弃抵抗之前都是具有意志力的。那么究竟是什么，让我们放弃抵抗，选择了即时满足感。如果要启动“延迟满足”的未来奖励，就需要让前额皮质发挥作用，让原始欲望平静下来，最直接有效的方法是和诱惑保持距离。

研究发现，如果把糖放进抽屉，或看不见的地方，而不是直接摆在桌面上，会让人少吃 1/3 的糖。还有一项研究发现，如果每一次有购物或者吃零食的冲动时，就间隔 10 分钟，10 分钟以后如果你还想要吃零食，再去这样做。在这间隔的 10 分钟里，如果可以想一想意志力能带来怎样的未来奖励，很有可能在 10 分钟以后，你就可以克服这种冲动了。还有一种方法，是发挥“我想要”的力量，不断地在想要“即时满足”的时候提醒自己“未来的奖励”，更多地去想象未来的奖励实现的那一天，可以帮助自己克服眼前的冲动。

有一位刚上大学的学生，她的梦想是考取律师执业证书成为一名律师。但是她对网络社群上瘾了，本该学习的时候，她忍不住去浏览，由于网络社群中可以看的新鲜信息实在太多了，只要一开始就停不下来。她知道自己浏览这种平台可能是无止境地消耗时间，但却很难克制自己。

于是她想到了一个办法激励自己，她找到了一个律师的照片，用图片处理软件将自己的“头”拼接在照片里律师的身体上，她还找到一些代表她未来想要获得怎样生活的图景的照片，她把这些照片放大以后打印出来，贴在墙上。时刻提醒自己：“为了那些网络上的内容，我不能获得想要的未来，值得吗？” 每当她想要提醒自己，哪些才是她真正想要的，未来的奖励对自己而言意味着什么，她就看这些墙上的照片。实现梦想，比眼前的诱惑，值得得多。

大多数人，都会这样想，未来的自己会更好，未来的自己有更多时间，更有能量，更有意志，未来的自己能更好地管理好自己，可是未来的自己从哪里来？很多时候，人们都把未来的自己理想化了，希望未来的自己可以做现在自己做不了的事。我们都把未来的自己高估了。很多人把未来的自己，当成了另一个人，仿佛和自己没有太大的关系。

心理学家做了这样一个测验，让学生们写出，下一个学期自己会花多少个小时去帮助其他人的学习，学生们写下计划是 120 分钟，但当研究人员要求学生们执行的时候，却平均只有 27 分钟用来帮助他人。

这是很典型的例子，我们有很多美好的未来计划，指望着未来的自己去实现，可是等到了未来却发现“未来的自己”不见了，我们总是指望“未来的自己”来拯救我们，却低估了今天的自己。

为什么我们将未来看的和今天如此不同？主要原因是我们无法预知未来的自己有什么感受，当下我们在考试前感受到了压力，我们头疼、肚子疼、疲惫不堪、焦虑不安，不想把该复习的内容全部翻完，但未来的自己呢，如果没有通过考试，会不会更加头疼？很多人在想到未来的自己时，就像想到的是别人一样。这种感觉就像从外面远远地看一个人，与从内在去亲自体会自己的感受是完全的两回事。也正是这种思维的信念，导致了人们无法发挥意志力的作用，放弃未来的奖励，只想获得即时满足。

心理学家海尔·厄斯纳－荷什费德在他关于现在和未来自己的关系的研究中，分析了年轻时会存钱的人，以及不存钱的人的区别，他发现人们之所以不存钱，正是认为未来的自己就像是“别人”一样，跟自己没什么关系。因此，他用一种“未来自我连续性”的分析方法，来分析和预测究竟什么人在未来会更加富裕，拥有更多的存款。他的结论是，越觉得未来是现在自我的延续，未来与现在重叠越多的人，就越会存钱，信用卡的负债越少，也就越富裕。

若想调动自己意志力，去实现梦想，摘下未来奖励的果实，不妨多和未来的自己对话。德国的精神科学家发现，只是想象未来，就可以让人实现延迟满足。当你想象未来的图景，大脑会开始帮助你思考更加具体的、有关未来的计划和选择的结果，越详尽地思考关于未来的细节，越可能为现在带来真实的感觉，也就越可能做出正确的选择。

第二节　自制力的培养：坚持锻炼是增强自制力的唯一途径

脑神经科学家们已经发现，人的大脑像是一个很好学的学生，可以根据我们对它的训练，实现重新塑造。如果我们让它练习数学，它就会很擅长数学。我们让它练习正念，它就会很擅长正念。我们训练它抱怨，那么它就会非常擅长抱怨，哪怕一切已经很好，都可以找到可以埋怨之处，因为我们常常这样练习。专注和意志力也可以像肌肉一样去训练，我们的大脑前额皮质部分会不断地增厚、灰质会增多。

脑神经科学家们发现了一些可以有效帮助人们提升意志力的练习习惯：冥想、呼吸频率、坚持运动和睡眠。

冥想对有些人来说是非常轻松而简单的，不需要挥汗如雨地运动，只需安静的放松，保持专注。经常让大脑练习冥想，可以提升专注力，更好地管理压力，守护自我界限，克制冲动。研究人员已经发现，只需 3 小时的冥想练习，就可以让人们的注意力和意志力大幅提高，持续 8 周的日常训练，就可以提升人们生活中的自我意识，相应的脑区中的灰质也会随之更加。冥想让更多的血流进入脑前额皮质，这自然就像锻炼时更多的血流冲刷身体所带来益处一样。还有一些人，根本无法集中精神，耐心坐下来冥想，正说明这种练习对他们会有效，这就是他们需要做的练习——不断将注意力收回来，集中精力。

呼吸的练习也与意志力密切相关。意志力与压力反应很类似，在生理上都会产生应激反应变化。意志力反应时的一系列变化，主要是帮助我们抑制原始冲动、抵抗诱惑的，意志力反应的机制从脑前额皮质开始发出信号，通过降低心率、血压、呼吸的运转速度，来让我们放慢节奏，冷静下来，牢记我们的目标，三思而后行。这种反应不是让你完全按兵不动，而是让你更加平静、谨慎，避免一时冲动，可以深思熟虑。此时，有一个很重要的指标可以测量我们抵制冲动三思而后行的反应变化，这个指标是“心率变异度”。

“心率变异度”可以很好地预测一个人意志力的程度。在压力或平静状态下，每个人的心率会变化。在吸气的时候，心率会升高。在呼气的时候，心率会降低。这都是健康人的正常现象，这是心脏在交感神经和副交感神经系统中接收信号，前者加速运动，后者减缓运动。

在面对压力、焦虑或挑战时，心率会升高，心率变异度降低，这时交感神经发挥作用，调集能力让我们准备加速行动，或战或逃。在意志力反应的时候，心率会下降，心率变异度升高，这时副交感神经发挥作用，缓解压力，平复情绪，避免冲动。

心理学家做了这样的实验，让实验者面对甜食和胡萝卜，一组实验者需要拒绝吃甜食，一组实验者需要拒绝吃胡萝卜。拒绝吃胡萝卜的实验者，心率变异度没有任何变化，而拒绝吃甜食的实验者，心率变异度升高了。这便是心率变异度对意志力作用的一种显现。当我们调用意志力资源，协助我们牢记自己的目标时，心率变异度可以作为衡量我们意志力强度的生理学指标。因此心理学家们相信，如果能提高心率变异度，那么我们在任何诱惑面前，都可以有更强大的意志力。

通过呼吸的训练，将呼吸频率降低到每分钟 4 ～ 6 次，可以提高心率变异度。一项研究发现，每天练习 20 分钟缓慢的深呼吸，可以提升心率变异度，降低抑郁和欲望。对于世界上压力最大的人群，比如，警察、股票交易员和医生，心理学家也设计了类似的“心率变异度训练”来帮助他们缓解压力。

有一位心脏科的医生，他的日常工作是为患者做心脏手术，他深知自己的工作需要应急时冷静处理，他加入“从心呼吸”的训练项目，并长期坚持。在一次心脏手术时，手术过程中突发紧急状况，这位患者突然大量出血，所有人因不明状况而惊呆，这位医生立刻做了几个缓慢的呼吸，然后冷静地处理，手术十分成功。心率变异度的提高训练，让他有大量的意志力储备。

所以，学会缓慢的呼吸，当你下一次面对紧急状况，或是诱惑时，先缓慢呼吸 5 分钟。刚开始练习呼吸频率的人，很难做到一分钟呼吸 4 次，但随着你逐渐将吸气、呼气都松弛下来以后，呼吸之间的停顿也会逐渐延长，当呼吸频率降到每分钟 12 次的时候，你的心率变异度已经获得了稳步的提高。

坚持一项锻炼也可以提高意志力储备。心理学家和生物学家做了一项实验，从 18 ～ 50 岁的实验者中，给予 2 个月的免费健身会员资格，心理学家鼓励这些实验者尽量使用健身资源，刚开始这些实验者一周一次锻炼，后来变成一周 3 次锻炼，经过 2 个月的时间，他们的生活变得非常健康，吸烟与饮酒频率降低，注意力能够集中 30 秒不分散，抗压能力、意志力都提高了，学习时间也普遍增加。这样的改变是非常惊人而且十分有效的。事实证明，只要能够坚持一项锻炼，就可以极大地提高意志力。生物学家发现，在参与锻炼之后，这些实验者的大脑灰质和白质都增加了。锻炼让大脑运转得更好，掌管意志力的前额皮质得到了锻炼变强的机会。

在一项关于锻炼促进意志力的研究中指出，并不需要多大强度的锻炼，也不需要一次几个小时的锻炼，只需有一项可以长期坚持的锻炼，每次 5 分钟，就可以达到非常有效的成果。瑜伽、舞蹈、慢跑、整理花园、游泳、陪孩子玩、散步，甚至是打扫房间，都是非常有效地锻炼意志力的途径。任何能够让你从沙发站起来去活动的事项，都是一个很好的选择，这些活动不仅让你放松脑子，换一个好心情，最重要的是，它会逐渐地增加你的意志力储备。

除了锻炼、冥想、缓慢呼吸，充足的睡眠也是必不可少的。长期睡眠不足的人，很难控制情绪、集中注意力，也不容易牢记“我想要”的目标。意志力也是消耗我们大脑能量的一种挑战，睡眠不足会影响身体、大脑吸收葡萄糖，葡萄糖向我们的大脑提供能量。由于我们的大脑缺少能量，我们会依赖咖啡因或者吃甜食，但这些都不能为身体和大脑真正提供能量补给。我们的大脑前额皮质，在极度缺乏睡眠的情况下，会发生轻度的前额功能紊乱，因为睡眠不足，在起床的时候，前额皮质受损，这让我们失去自控能力，无法平静、深思熟虑、克制欲望，在应对压力挑战时，还会因为疲劳而释放过多的压力荷尔蒙，降低心率变异度，这种情况下，我们的意志力储备耗尽、能量告急。

好在这种状态的损伤是可逆的，只需补上一个好觉，前额皮质就可以恢复如初。所以，为了获得意志力储备，我们需要好好睡觉。心理学家的建议是，如果你不能睡足 8 小时，那么在中午可以补充一个短暂的午觉。如果一周的工作日都很辛苦，那就要在周末好好地补觉。一周的前几天多睡一会儿，会让你在一周的后几天保存一些意志力的能量储备。如果每天有 5 分钟时间练习冥想，也可以帮助人们恢复有效睡眠时间。将好好睡觉当成为自己的大脑意志力储备能量，为了获得更强的意志力，早点休息吧。

第三节　自制力的极限：能量饱满　意志力更耐久

心理学家罗伊·鲍迈斯特通过大量的实验测试究竟意志力有没有极限，他发现意志力确实有极限，也会随时间呈现出波动。他在实验中不停地测试实验者的意志力，随着时间的推移，意志力也会被消耗殆尽，长期控制情绪也会让情绪崩溃失控，长期训练注意力集中也会导致注意力分散。而且这些都十分消耗能量。人们每一次调动意志力，都消耗了大量的能量资源。

心理学家发现，当我们自律地按照预算支出，试图融入与自己价值观不同的团队，干坐着坚持参加无聊的会议，在嘈杂的办公室试图集中精力，晚高峰时堵在路上，全都会消耗我们的能量，在经历了疲劳的一天后，你可能只想摊在床上什么都不做。当我们抵抗冲动、做困难的事、权衡不同的选择，都会消耗我们的意志力储备。甚至是一些微小的事，比如，在商场众多款式的牛仔裤中选出一条适合自己的，都会消耗我们的能量。心理学家罗伊提出，既然人们的意志力是会被消耗殆尽的，那么一味地训练自己提高意志力是不行的，除有目的的训练，我们还需要知道如何为自己的意志力补充能量，就像运动员那样拥有持久的耐力，并找到方法，不让自己的耐力枯竭。

另一位心理学家做了一项实验来验证大脑疲惫是否因为缺少能量，他觉得测试糖分是否是为意志力提供能量，他让实验者完成一系列消耗意志力的任务，在每完成一项任务后，实验者血糖下降得都很明显。血糖下降以后，实验者参加的任务表现会更糟。

心理学家为实验者提供了两种能量饮料，一种是糖水；一种是加了人工甜味剂的水。喝下糖水的实验者，很快恢复了血糖水平，意志力也因此恢复。喝下人工甜味剂的实验者，意志力继续减弱。这个实验说明，低血糖可以解释意志力下降的情况，能量不足让我们不能获得很好的表现。所以，很多学生紧张复习考试的时候会想要吃巧克力，一块薄荷糖可以帮助人们熬过无聊而漫长的会议。

之所以意志力会与血糖有关，是因为人类在原始时代，何时能够吃饱是很不确定的事，可能顿顿吃饱，也可能经常都饿着。大脑通过血糖的含量，提醒我们需要进食、需要找食物，或者发出警报，再不吃东西就要饿死了。血糖的水平代表我们还有多少能量。

在资源不足的时候，大脑会选择先满足当下的需要，在资源充足的时候，大脑会选择长期的发展。也正是因此，为了不被饿死，大脑在饥饿的时候，更容易根据原始冲动，去冒险。为了能够实现长远的目标，大脑必须储备充足的能量。

但是为大脑补充能量，长期过度依赖糖分不是好的途径。长期处于高压的人，更容易选择不健康的食品，高脂肪、高糖分或复杂加工的食物，这些对健康都不是好的选择。血糖的突然升高，会长期影响身体吸收分解糖的能力，就像很多 2 型糖尿病患者一样，血糖升高并没有产生身体太多可用的能量。

心理学家推荐低血糖饮食，有瘦肉、坚果、豆类、粗纤维及大多数的水果和蔬菜。越原始简单没有经过复杂加工的食物，越可以为我们提供能量。为了获得更多的意志力能量补充，可以为自己添加健康的零食、坚果或水果。在工作日的时候，要尽量在每个早餐都吃得丰盛些。

第四节　自制力也“传染”：坚持自己底线不随波逐流

心理学家在观察人的意志力时，发现人们的意志力会受到他人的影响，很多行为和目标在不知不觉中，都会被别人潜移默化。例如，一个家庭里有一个成员变得肥胖，可能会有更多成员肥胖。如果一个人在减肥，那么也可能会有更多的成员减肥。

因为人生来就要与人联结，为了让我们与别人更好的联结，我们需要体会别人在想什么，做什么，有什么感受。我们大脑中的“镜像神经元”专门负责帮助我们理解和感受他人的经历。

每当我们与别人面对面，“镜像神经元”就开始运作，在我们看到别人在吃东西的时候，我们也会有想吃东西的感觉。我们与别人交谈时，如果看到对方交叉双臂，不一会儿，我们也会做出这样的动作。每个人都有模仿别人的本能，不只是姿势、表情、动作，我们都会无意识地模仿，生活中经常遇到这样的事，明明自己在减肥，碰到胃口大开的朋友，自己也同样胃口大开，只好一起大吃一顿。明明没有计划买衣服，却和朋友一起逛街时花了更多的钱。

除了这些行为，人们似乎还能够暗暗读懂别人的心思，心理学家称这种情形为“目标传染”。在同一个班级里，我们能够读懂谁想要在期末考试中超越自己获得更高的分数，我们可能会因此改变行为，与他竞争。暑假的时候，同学去大公司实习获得了经验，或者去打工赚了一笔钱，这些都会影响我们的目标。

有时，我们连情绪都会互相模仿，我们会被办公室里喜悦的气氛所感染，也会因为身边的朋友感觉郁闷，而同样感觉到郁闷。心理学家们发现，快乐或者孤独的情绪，在家庭中非常容易传播。

无论好习惯，还是坏习惯，都可以像流感一样，在社群中互相“传染”。这为我们的意志力又增添了一项挑战，当我们看到别人的目标、冲动、行为时，如何增强自己的免疫力，不改变自己的初衷。首先你要能够认出来，别人的目标和你的目标是冲突的，然后你要坚定自己的目标，此时不断地回想自己真正想要什么，自我强化自己的目标，才能避免被其他人的目标、行为、情绪“传染”。

心理学家们还发现，越是与我们亲近的人，或者越是我们喜欢的人，越容易对我们产生影响。这是因为，我们想到我们喜欢的，或者是亲近的人的时候，我们的大脑对待他们更像是“自己”，而不是别人，我们愿意与我们亲近、喜欢的人更相似。在脑部扫描中可以看到，如果你观察一个成年人，他想起自己和想起自己的母亲时，大脑中活跃的区域几乎是一样的，这说明我们的“自我”的部分也包含了我们所关心的、与我们亲近的人。因此，同事对我们的影响远不如一个亲密的朋友。就算你每天见到一位同事，但如果你不喜欢他，他的目标或行为也不会影响到你。即便你不经常见到你的朋友，但你们之间的亲密关系会让你更容易被他“传染”。

因此花一些时间好好想想，有哪些习惯、行为、目标是从生活中你喜欢的人、尊重的人身上学来的，这些习惯、目标与你自己的目标一致吗？你能始终记得自己的目标吗？

作为群体的一员，我们一直都被潜移默化地影响着，大家都愿与群体趋同，这是被心理学家称为“社会认同”的行为。当一件事群体中的人都在做，那么我们最好也这样做，这是大脑让我们适应生存之道的处世智慧。

研究人员询问800多位社区居民关于节约能源的问题，有的人回答为了保护环境、造福后代，还有的人回答可以省钱。但研究人员发现，这些回答都不足以预测这些居民会不会真的身体力行地节约能源，唯一能够预测他们是否会有实际行动的因素，是他们的身边有多少人正在这样做。

我们身边有太多这样的例子，我们喜欢寻找“畅销书排行榜”“暑期电影票房前十名”“最受欢迎的餐厅”。其他人认同的一定是好的，其他人做的一定是对的，尤其是当我们没有自己观点的时候，就选择相信别人的观点。

我们都相信自己有独立的观点，自己独一无二、不随波逐流，但当我们面对社会规范时，还是会不由自主地想要融入其中，独立自主的想法，有时难以敌过归属于一个群体的渴望。其实这也不是坏事，社会规范所做的事有时确实是正确的事，只要我们相信社会规范，会让我们更好地控制自己，做出正确的选择。

心理学家们讨论了许多人们之间互相影响的例子，我们的确不容易战胜集体意识中的归属感或者我们潜意识中想要与亲近的人趋同的想法。当我们需要额外的意志力支持时，去寻找一个我们喜爱、尊敬的人作为榜样，提醒自己他会怎样做？想一想那些很难做到的社会规范，让集体项目帮助我们约束自己的行为，去帮助更多的人。如果你发现自己不小心效仿了他人意志力失效的行为，就花点时间思考自己的目标。睁大眼睛看一看自己身边的人和社群，他们做的哪些是与你的目标一致，哪些是你不认同的，你在不知不觉中效仿谁。提醒自己牢记目标，你的意志力每一天都充满挑战。

第五章

动机与行动力

第一节 自我成就：发挥自身最大潜能是人类终极精神需求

关于成就，你是否思考过为什么有人可以历经磨砺，最终横渡英吉利海峡，或是攀上珠穆朗玛峰峰顶，有人却宁愿在浅滩挣扎，或是在山脚下踯躅？仅仅就因为，一些人对此很有兴趣，而另一些人对此没什么兴趣吗？

想要获得成就的动机存在于每个人的内心，区别在于这个动机在每个人的内心到底有多强烈。

在马斯洛的人类需要的层次中，自我成就是最高层次的需要。它代表的是人有多大限度地挖掘潜能、天赋、才华。尽管一个人可能已经衣食无忧，完成了生存层面的所有需要的满足，但是他仍然可能因为没有达到最大限度地实现自我天赋才华的展示，而感觉到挫败感、无价值感、空虚感。

飞机在地上的时候，比在天空飞行寿命更短，因为在地上飞机更容易生锈，飞机就是为了飞行而被制造的。人也如是，作曲家必须作曲，画家必须作画，诗人必须写诗，这样才能实现最终的和谐。

立于一个普通人的视角，我们赞叹追求自我实现的人，但在历史的长河里，也不乏为追求理想献身一切的人。为了宗教或政治信仰而绝食的人，比如，屈原、“竹林七贤”为了艺术和探险追求而让自己的生存遭遇危机的人，如凡·高，以及亚历克斯·洪诺尔（徒手攀岩者）。似乎他们一定要牺牲底层需要，才能获得精神上的救赎。这些极端的例子，让人们对“追求梦想”“自我实现”产生畏惧。这种畏惧，更多是一种自我限制的恐惧感。如今的世界，对于这些追求自我实现者已经有了更多的嘉奖，生活在现在的时代远比过去更容易获得生存与物质的支持、人们的赞许、认可，并用各种可以表达爱的方式支持这些勇于自我实现的人。

自我实现是一种超越精神，由于它是人类需要的最上层，因此它不容易获得，也会很轻易被放弃，它并不像基本需要那样，必须被满足。相对于底层的物质生存的需要，自我实现的需要是很弱的。在经济条件很差的情况下，个体的生理安全需要都无法得到满足的时候，自我实现就显得不重要了。对很多没有受到良好教育的家庭来说，更不会鼓励或支持孩子们拥有这种自我实现的追求。可是在童年和少年时期，获得这种爱与支持，恰恰是孩子长大后能否自我实现的先决条件。

埃隆·马斯克，这位当今世界首屈一指的科技与商业奇才，早年的家庭生活并不富裕顺利，假如没有在10岁时获得父亲的支持购买了第一台计算机，他的自我实现之路也许会与今日有所不同。

很多家长在养育子女的时候，都感觉经济上不宽裕，而孩子们天性与兴趣的变化，有时让家长们对各种无法确定回报的教育投资感到捉襟见肘。没有必要一定要用金钱的形式去支持孩子，用你可以付出的爱的形式去支持，当孩子能够感受到这种支持的力量、尊重与安全，在成年以后，他们会找到自我实现的途径。

心理学家马斯洛认为，儿童期最理想的生长环境，是在规则与许可之间达到一种平衡。

根据马斯洛的理论，自我实现需要的满足，需要满足一些必要条件。

▶ 不受自我限制。

▶ 不受社会、集体的限制干扰。

▶ 不受低级需要干扰。

▶ 有稳定的自我、人际关系，自爱、可以爱人，也被别人所爱。

▶ 对自己的优势、劣势都有客观评估。

自我实现是需要勇气、自律、行动的，现在的社会对人提出了更高的要求。对很多人来说，接纳现状是安全的，他们不愿意去接受新的挑战，不愿意面对充满不确定性的结果。但自我成就者不这样想，他们会不断地去挑战自己、考验自己。

因此，自我实现者是珍贵的人。追寻梦想，之所以带着如此耀眼的荣光，是因为他们的内心区别于普通人的怀疑自己、限制自己，他们没有那种模棱两可的“有点想”，而是“很想很想”去实现宝贵的自我。

给自我实现者的建议。

▶ 父母要在规则与自由中找到一个平衡，让孩子踏实做好自己应该做的事情，同时也有自由和勇气去自我实现

▶ 如果你还在为生存担忧，就先谋生赚钱，否则很容易在生存无法获得安全感之下，轻易放弃了真正的梦想，让梦想走样

▶ 将梦想放在心里，拥有一个梦想是光荣的，只有很少的人

拥有自我实现的意识，自我实现者是人中菁华。

▶相信自己会一点一点地向梦想靠近。

▶现在的世界，已经比过去的世界更加进步，世界以各种方式回报自我实现者的成就。

▶不必自我限制，要相信自己可以创造出一种平衡，生存物质的需要与自我成就的需要同时获得满足。

▶能否自我实现，取决于你有多想实现，不是“有点想”实现，是“很想很想”实现。

第二节　动机与成绩：放下期望，积极应对

在一门考试临近的时候，学生们会有几种典型的心理状态，假设同一个班级的 3 个学生安妮、安娜和安培，他们都要为同一门课程准备复习考试。在考试前的一周，安妮说：“我希望在这门考试中，得到最高分。”安娜说：“只要别不及格，我就谢天谢地了。”安培说：“我对分数没什么想法，但我会做准备。”这 3 种典型的心理状态，似乎我们都可以体会，也可能经历过类似的状态，你是否还记得那些状态之后的成绩，以及当时你准备考试的状态？你觉得这 3 个学生，哪一个会用最多的时间复习，哪一个会取得最好的成绩？

心理学家们观察总结了这 3 种典型的心理状态，并将这 3 种状态定义成 3 种不同类型的成就目标。

希望取得最高分的安妮，代表的是“接近目标型”的学生。这一类学生的真正目标，是希望自己比其他学生更好，获得好成绩的结果看起来比其他学生更好。

希望不要不及格的安娜，代表的是“回避目标型”的学生。这一类学生的真正目标，与“接近目标型”相反，他们希望自己不要比别人更差，获得很差的成绩会让自己看起来比其他人能力低，他们避免这样的结果。

对分数没有想法但是会准备的安培，代表的是“掌握目标型”

的学生。这种类型的学生，是最以自我激励、掌握技能、挑战自我为目标的人。他们不在意别人的评价和目光，更在意是自己获得了技能的提高，并在挑战中获得满足。

通过观察 3 个目标类型的学生，研究人员发现，“掌握目标型”的学生，最有可能自我激励，去从事有益学业成就的行动。“回避目标型”的学生，最有可能在考试前放弃复习，一些被观察的学生表示，在考试前两周他们并没有采取太多积极的准备，他们对于考试前的准备是不充分的。“掌握目标型”的学生和“接近目标型”的学生，都更可能为了考试获得很好的结果去采取积极的行动，他们都更早地开始为考试准备。但是不同的是，“掌握目标型”的学生，有一种更加冷静的期望这一显著特征，在越临近考试前的两周，越明显地体现出来，他们变得比另外两种类型的学生，更少地表现回避考试的心态或行为。

心理学还有一个重要概念：期望理论。它包含 3 个成分，期望、有效性和效价。期望是指感觉上的可能性；有效性是指一种好的回报；效价是指这种好的回报对你的吸引力。

比如一个学生，假如他学习努力，有很好的成绩的话年底就有可能拿到一笔奖学金（这是高有效性），但是他认为获得好成绩的可能性是很低的（这是低期望）。因此，他认为自己根本不值得努力（这是低效价）。

从这 3 个成分来看，如果 3 个成分都能获得高分，就会产生高水平的动机。如果有一项低分，就可能产生低水平的动机。

那么当你是一位教师或家长时，你要如何从这 3 个方面去引导你的学生呢？依据“期望理论”，你需要做的是鼓励学生，告诉他 3 件事。

一、你是可能获得好成绩的（高期望）。

二、你是值得为此事努力的（高效价）。

三、无论你这一次的成绩如何，未来的你一定会获得很好的回报（高有效性）。

最后，“放下对成绩的期待”还有一层意义，这样来说，它更像是一个礼物。有时我们只能看到眼前能够取得的成绩，或者是我们脑海中想象出来的某种“最让人感觉兴奋的好结果”。这些“期待”，有可能是你眼前的这个孩子 / 学生，所能取得的最有限的成绩。不要让“期待”限制了无限的可能性，只需带着最高的动机水平去行动就好。

“放下期待，只是去行动”，有可能正是人生通关的最佳策略。那些铸就非凡成功的人，在经历了多次失败和“不佳的成绩”以后，也许只是证明了自己早已明白的道理：成功不是结果，是无数次不求结果的努力，成功的结果和过程原本就是不能分割的整体。

第三节　乐观与悲观：相信自己的人更易成功

很多时候我们不能一举成功，面对一次不满意的结果，我们如何总结失败的原因可能会导致后面的行为有很大的不同。有人可以迅速从失败中恢复，走向更大的新的成功，而有人却会一蹶不振，长期无法找到新的出路与自我突破。要解释这两者的区别，心理学家们发现，找到他们对失败的归因非常重要。归因是指一个人对事件结果产生原因的判断。

比如，有两位学生参加考试，成绩都不理想。一位学生认为，这次考试没有考好的原因是自己不擅长学习这门课，很难记住公式，这是一种内部归因。另一位学生认为，这次考试时考场外一直有噪声干扰自己无法集中精力，这是一种外部归因。将考试归因于外部的这位学生在下个学期很可能会更努力认真准备考试。而将考试归因于内部的这位学生就很可能彻底地放弃下一次考试。

		控制源	
		内部	外部
稳定性	稳定的因素	能力	任务难度
	不稳定的因素	努力	运气

归因一种行为的结果，有 4 种解释，控制源分为内部和外部两种，稳定性也分为稳定的因素和不稳定的因素。在内部控制源

中，自身能力是稳定的，努力程度是不稳定的。在外部控制源中，任务难度是稳定的，运气好坏是不稳定的。

因此，将事情的成功或失败的结果，用这 4 种路径去解释，会产生不同的情绪感受，也会产生随之而来的动机，对自身未来的行为产生影响。不同的归因方式，通过影响情绪和动机，进而影响到个体是坚持努力还是彻底放弃，主动还是被动，安于现状还是冒险进取。

因此，关于一个人是否能够抵抗失败，并成功走向新的里程的关键原因就蕴含于此：乐观主义与悲观主义。

悲观的归因方式，便是将失败归因于内部因素，认为自己的能力有限，外部的不良环境不可改变，因此无法做出改变的行为，放弃努力，放弃尝试。

乐观的归因方式，则认为失败是外部因素，相信自己有能力可以在不同的外部环境下轻易成功，相信外部环境可以改变，也认为下次如果自己更努力便可以获得更好的成绩，这次偶然的失败不会影响到自己完成其他重要任务。

由于乐观主义者对成功抱持着对自身内部稳定性的信心，使得他们有不同于悲观主义者的动机和行为。而悲观主义者的归因，认为他们命中注定失败，无法改变，所以他们的行为和表现，会比别人想象中的还要差。

在一项英国的调查中，研究人员观察了 130 名男性销售人员的归因风格与业绩表现，调查验证了这一概述，具有乐观归因风格的销售人员具有更高的销售业绩，而具有悲观归因风格的销售人员销售业绩低于预期。

这一研究结论对我们的发展有很重要的影响，不要再让自己消极地相信宿命论，相信别人否定你能力的评价，避免那些悲观主义的归因影响自己的心境与行为动机。不要让暂时的失败和悲观的归因风格伤害到自己。努力使自己发展出成功的、积极的乐观主义，会让你的方方面面都有更好的收获。

第四节　害羞的壁垒：“主动破冰”的人更受欢迎

害羞，不分性别、文化、种族。研究人员发现这世上“不害羞”的人非常少。一项数据调查显示，50% 的人认为自己“经常害羞”，并且这些被调查者都认为害羞是一种很不愉快的体验，并对他们的生活、社交、工作表现都带来了负面影响。

还有一种“情景害羞”也被多数人体验到很不愉快，这项调查包括了美国出生的人，以及其他国家出生的人，结果显示是相同的。譬如，与陌生人初次见面，在没有准备的情况下意外地被推上舞台表演，被突然提问发言，都会感受到这种害羞带来的压力。

害羞也因此可以被定义为一种在人际环境中感受不自在和压力的状态，它会对人们建立人际交往、追求职业目标产生负面影响。它可能使我们感受到紧张、窘迫、沉默寡言、退缩，极端情况下也可能发展成为一种社交恐惧。害羞经常与“内向”性格联系起来，内向的人，不爱表达自己，喜欢独来独往，社交活动较少。还有一些看起来“外向”的人，也可能内心是“害羞”的，他们拥有社交技巧来回应人际交往，但内心十分担心他人如何看待自己，是否真正被人喜欢。

心理学家们解析这一人格特质，发现形成害羞的原因可能有 4 个方面可以解释。

第一种解释是源于先天。有些人天生就不害羞，另一些人天生就是害羞的。根据一项研究表明，有 10% 的婴儿是一出生就害羞的。这些婴儿从出生起，就表现出“认生”的一系列明显表现，他们在陌生人面前更加谨慎、沉默。

第二种解释是源于儿童时期的养育经验。有些源于早期的过度保护形成的反馈，加强了儿童原本害羞的人格。有的儿童因为过失行为得到了嘲讽和取笑，而造成了害羞。还有一些人成长的环境中认为外表是否美丽很重要，或者需要在一些活动中可以展示自己才会被人喜爱，因此造成了误解，而变得害羞。

第三种解释是源于一个民族的文化影响。研究人员通过调查 9 个国家和地区的人们，比较后得出日本、中国台湾地区的人最害羞，最不会感到害羞的人来自以色列。可能在亚洲地区，谦卑等被过分强调，同时对许多行为有限定的风俗。而在以色列，即便被人当众耻笑、责骂，也被看成是没什么大不了的。

第四种解释是源于近些年网络与电子产品的盛行导致人们社交活动的退化。许多人与人面对面的交流机会减少了，网络与电子产品的过度使用，造成了更多的孤独感、孤立感，也让人更害羞。

当一个人的害羞达到很严重的程度时，会感到很低层次的愉悦感，在社会交往、职业追求上遇到困难。

这里有很多建议，可以帮助那些害羞的人重新思考，打破旧的模式。

▶ 不要总去复习过去发生过的那些因害羞所引起的不适的记忆，忘记那些让你感觉很糟糕的情景，你不会一生都重复体验那种不愉快的感觉，你可以创造全新的、愉悦的体验。

▶ 要意识到，你不是唯一那个感到孤独、害羞、窘迫的人，这世上可能有 50% 的人都是如此。

▶ 没什么好害怕的，每一个你见到人，都有可能和你一样，也感到害羞。

▶ 即便有遗传的因素，一切也都是可以改变的。心理学家们早就证实了这一点。虽然有一点儿难，但这需要你有勇气去改变自己，就像改掉一个陈年旧习惯一样。

▶ 要相信，有很多人都是在默默地支持着你，你无须担心。

▶ 多多微笑，多与人目光接触。

▶ 不要总是去担心别人是不是喜欢你，每个人都希望你能欢欢喜喜。

▶ 与别人交谈时，大一点儿声，清晰地讲话，特别是当你说出自己的名字，或者提出问题的时候。

▶ 在新环境里，勇敢地成为第一个发声的人，每个人都欣赏“破冰者”。

▶ 想一想你的梦想，你想追求的成就，为了实现它，你愿意突破自己吗?

▶ 别总想着快点儿结束，想要逃跑，也别总是看低自己。

▶ 人们总是选择可以确定结果的选项，而回避未知。所以你的行为，总是一贯如此，即便你换一种行为方式，可以得到更好的结果，也还会趋于保守。大胆一点儿，打破自己的旧形象，做一点儿不一样的事。

▶ 可以将注意力放在如何照顾别人让别人更舒服上面。对方也可能正在经历和你一样的害羞状态。这样，你也不会过度关注自己了。

对于一个害羞的孩子，也往往会有一个害羞的家长。不如一起从这些方面入手，做出一些改变。已经有很多人通过努力突破了自己，活出了自信光彩的人生。

第五节　如何看待电视、网络：顺应时代前进潮流，厉行趋利避害

以前我们还没有见过大哥大（最早的移动电话），可目前几乎一个两岁的宝宝都可以简单地操作一部智能手机了。更早的时候，人们甚至连电视是什么都不知道，但如今每个人都会看电视，一个 3 ～ 11 岁的儿童，每天看电视的平均时间是 3 小时。

根据一项调查显示，从婴儿出生到 18 岁，大概会在电视上花费近万个小时，看电视成了孩子们除了睡觉，花费时间最多的活动。男孩可能比女孩花更多的时间看电视，生活在较贫穷地区的孩子可能更喜爱看电视。现在人们又有了互联网、手机，这些现代科技发明将会极大地改变孩子们未来的生活、社交、学习、行为的方式。

许多批评家对于我们下一代的成长环境十分担忧，他们很担心电视、网络和电子产品会损坏孩子们的感知、情绪发展和社会性表现。

譬如，研究人员试图研究看电视对儿童创造力的负面影响，他们取得了一些成果。研究人员将电视机引入加拿大地区偏僻的诺贝尔镇，这里的儿童在阅读能力、创造性测验上原本的得分都高于加拿大城镇里生活的儿童。但在电视机被引入 2 ～ 4 年以后，这里的儿童在阅读能力、创造性测验上的成绩出现显著下降（下

降至和城镇儿童一样的水平）。同时，这些儿童还出现了社会性交往活动减少、攻击性行为升高，以及性别刻板印象明显的情况。

除了影响阅读能力、创造性表现和社交行为，电视节目中包含的暴力情节可能增加儿童的攻击性行为，可能是更让人担忧的。

不仅大人观看的影片中包含很多暴力情节，连很多儿童观看的卡通片中也有许多暴力情节。根据一项统计，在包含暴力情节的影片中，70% 的暴力人物没有对自身的行为表现出悔恨之意，40% 的暴力行为是由我们喜爱的英雄角色做出的，儿童卡通片中的暴力行为通常以一种“幽默”的方式表现出来。

有一项调查在许多国家的小学进行，包括美国、澳大利亚、英国、芬兰、加拿大和爱尔兰等地，经常接触电视中暴力情节的儿童与较少接触电视中暴力情节的儿童相比较，会展现出更多的故意和攻击性。通过许多观察，都证明了电视场景里的暴力情节与儿童现实中的攻击性行为呈现正相关。还有一项调查，通过长期跟踪观察被测试者的行为，发现儿童早期过度观看暴力情节的电视，在成年后会显现出持续的影响。这项调查跟踪了 8 ～ 30 岁成年之后的一群被测试者，那些在 8 岁时过度观看暴力情节电视的儿童，研究人员可以预测到 30 岁之后的攻击性行为以及这些人参与严重犯罪活动的情况。

若儿童长期接触电视中的暴力情节，即使不在行为上表现出攻击性，也可能在性格、信念、心理方面受到负面影响。一种明显的影响信念的结果，是这一类节目可能塑造一种世界不安全，充满了残酷和暴力的世界观信念。假如孩子相信世界是一个冷酷、危险而可怖的，那他们的行为以及自己为自己创造的生活便是基于这样的信念背景。这是十分可悲的，他们会扭曲生命的意义，认为世界许多事，包括人际关系的冲突也主要采取攻击和暴力手段解决。

另一种影响是，长期受到暴力情节影响的儿童会产生一种“免疫”，被称为“去敏感化的假设”，当他们在现实生活中面对暴力或目睹他人身陷暴力事件时，会变得冷漠，且更能容忍这类事件的发生，也不会做出任何干预的行动，这也是非常可悲的。

即便不看含有暴力情节的电视，长久地坐在电视机前一动不动也对健康无益。不管你信还是不信，长期来看，儿童看电视时间的长短，可以用来预测未来的肥胖程度。假如儿童每天看电视5个小时，他们最有可能变胖。不仅仅因为他们在看电视时没有任何活动导致热量的消耗，他们还会一边看电视一边吃下很多高热量的零食，电视广告中那些包含大量糖分、脂肪的零食甜品广告，对年幼缺乏自控力的儿童来说，无形中又会促成不良饮食习惯的形成。

但电视并不是完全无益处的，也有不少以教育、科普为主题、宣扬正向积极价值观的儿童片，家长们与孩子共同观看欢乐影片的时光也是正面而美好的。因此，如何把握“度”很重要，适度的观看，是不会对儿童的智力、社会性发展、价值观产生不好的影响。

但是心理学家们提醒家长们，监控孩子观看电视的习惯，限制孩子观看暴力或攻击性节目，并引导他们观看亲社会和教育题材的电视是非常重要的。尤其是年龄越小的孩子，他们对于负面情节、暴力情节的敏感度是非常高的。儿童处在无法完全理解完整影片意义的年龄阶段，他们会忽略掉所有重要的情节，单单只记住了影片中最恐怖、最暴力、最阴暗的部分。儿童对影片中受到那个虚拟社会所允许的暴力英雄的行为的认同，会促使他们受到鼓动，并开始模仿，这是家长必须知道的事实。家长非常有必要去修正孩子对于暴力、世界观与价值观的曲解，并向孩子们介绍什么才是正当的行为和解决方式。

关于控制电视对儿童发展影响的建议。

▶ 为孩子设计活动时间表，内容尽量丰富，包含写作业、看电视、与朋友玩、户外运动。

▶ 明确规定不可以看电视的时间：早上和学习的时间。

▶ 孩子的房间不能摆放电视。

▶ 自己经常看电视，孩子也会这样做，家长先做到少看电视。

▶ 自己观看孩子所看的影片，判断其内容不包含暴力情节。

▶ 与孩子一起看电视，在出现暴力情节时，与孩子讨论，明确并纠正孩子的价值观。

▶ 禁止孩子看暴力节目。

▶ 与孩子讨论真实世界与虚拟世界的区别。

▶ 告诉孩子广告只是为了让人多买产品，广告不对人们的生活和产品所带来的后果负责。

▶ 在商店里告诉孩子，真实的产品会比广告中的差劲。

与电视类似，互联网、电子产品对儿童的发展也包含着益处和坏处。

目前世界上的儿童和青少年，已经有很大一部分可以在没有成人监管的情况下上网了。虽然互联网上巨量的信息对学生完成作业获取更多资料有很大帮助，但仍有许多潜在负面影响，尤其是涉及暴力、网络欺诈和色情方面的信息。

美国、加拿大和西班牙的研究人员发现，12 ～ 17 岁的男孩和女孩，在没有父母控制和监督下使用计算机会导致更高的网络攻击、网络欺凌行为。玩暴力电子游戏的个体更容易打架、和教师争吵并学习成绩不佳，不乐于帮助他人，同时具有更高的心血管兴奋水平。

除了危险性与暴力行为上的影响，在青少年心理、社会性发展上的负面影响也有许多调查结果支持。

一项针对中国 13 ～ 18 岁青少年的调查发现，在互联网上花费过多时间的青少年焦虑与抑郁的水平更高。其他的研究也证明，过度使用互联网会减少幸福感，并降低与朋友、亲人和伴侣之间的关系质量。另外一项针对大学生上网的调查表明，相比于花很多时间在社交网站上的学生，那些花时间与父母进行电话交流的学生与父母之间有更令人满意的支持性的关系。而在社交网站上与父母互动的学生，则体验到更多的孤独感、焦虑以及与父母之间的冲突。

虽然看到了很多关于使用网络所带来的负面影响，但是在科技与互联网如此发达的今天，每个人都无法回避地要与科技、网络和谐共处。这就像打开窗户，进来新鲜空气的同时，也会进来沙尘。最重要的是，人们如何使用它。如果年轻人将网络用于不良信息和话题的搜寻，浪费学习时间，沉迷于暴力游戏，那就会产生消极后果。如果青少年用计算机和网络学习、创造，那它的结果是积极的。

根据布朗分布伦纳模型，儿童的发展与环境之间的关系是交互作用的。我们在为儿童创造良好的外部环境时，也要相信儿童也有自己的主动性，他们可以做出自己的选择，不受消极环境的负面影响。

无论电视、互联网还是最新的电子产品，这些都是孩子在未来的生活中必须面对并学会与之共处的事物，我们需要找到一种开放性的方式，让孩子学会如何采用其中特定的方面促进自身积极的发展，并有能力自己做出选择，在现实世界与网络世界之间保持平衡。

第六章
压力、情绪与自我成长

第一节 压力下的应激反应：如何审视压力

没有一个人可以完全没有压力地生活。定义压力是比较难的，因为它的范围非常广泛。当我们在乎的事情可能发生危险的时候，我们就会感受到压力。一场课堂上突袭式的随堂测验，一次公开的演讲，积累得越来越多的待办事项，照顾生病的亲人，堵车，债务问题，父母离婚……无论大小，都是压力的来源。所有我们不想出错却出错的，所有我们不想失去却失去的，都可以定义为压力。所有超出意料、超出可控范围，所有无法预测的事件，都让我们感觉到压力。无论是日常中的小烦恼，还是人生中的一个艰难的处境，除了紧张、焦虑，压力和沮丧、抑郁、逃避、无力感等都有关联。

因为我们不在乎的事是不会让我们烦心的，因此，感受压力的同时其实也在提醒我们在过有意义的生活。我们若想过有意义的人生，就无法避免地要与压力共处。

20 世纪 20 年代，心理学家坎农将人和动物在面临危险境地时所产生的应激反应称为战斗或逃跑反应（战或逃）。

这种反应中心位于下丘脑，包括了对自主神经系统的控制和对垂体腺的控制。自主神经系统调节人们的肌体，应急条件下，人们呼吸加快，心率增快，血压上升。脾脏会释放更多红细胞（假如有伤口会加速血液凝固），骨髓产生更多的白细胞（假如受伤会抵抗炎症），肝脏会制造更多糖原，提供更多能量。垂体腺分泌两种对应激反应起重要作用的激素——促甲状腺激素和促肾上腺皮质激素。这两种激素都在肌体适应性压力时，为我们做好防御准备。

我们似乎经常听到一些关于压力太大会损伤免疫系统的说法，都源于20世纪30年代的另一位心理学家汉斯·塞里。汉斯·塞里基于动物实验对伤害性事件之下一系列的内分泌反应，总结出现实的压力应激反应有3个阶段：报警反应、抵抗阶段和衰竭阶段。假如应激源持续时间足够长且强度很大，身体资源将被耗尽而进入衰竭期。他认为，人若长期处在应激状态下，会形成身心失调。

许多早期研究者根据动物实验认为压力会带来伤害，应激反应会损伤免疫系统的结论只是关于压力研究的开始。它为心理学家们理解压力可能对身体带来的负面损伤奠定了基础。在后来的心理学家们更多地探讨压力的影响时，他们发现现实并不像早期的研究者们认为的那样——压力并非总是有害。

同样的压力，在不同的人身上，产生的结果可能相去甚远，有时在短期看来是有害的，很多时候在长期看来，压力却是有益的。

事实上，早期的研究者们在实验动物身上做过的实验，很难与人们生活中所经历的压力事件相匹配。在研究者们利用动物实验广泛用于研究人类大脑和心理问题时，经常采用的方式可能都是仅发生在实验动物身上的，譬如，将老鼠扔进水里被迫游泳，或者困在无法活动的笼子里，而人类在体验压力时是不会经历这样的事件的，在调查人们压力的最大来源时，有60%的人报告的最大压力是“抚养年幼的孩子”，34%的报告最大压力是“经济环境不好时可能失业”。与动物不同，人类在面对即使是最困难的情况下，都有可能找到希望、新的选择和出路，这便是人性中的智慧与韧性所具有的无限创造力。

深知这一点的心理学家们，开始通过实验来证明，面对同一件事，人类的心理可以转化出不同的结果。

心理学家艾丽娅·克拉姆做了一项实验，她邀请实验对象在早上空腹的情况下来到实验室，第一次来参加实验的时候，她给每人发了一杯奶昔，上面贴着标签“放纵奶昔，尽情堕落吧：620卡路里，30克脂肪”。一周以后，实验对象再次来到实验室，她又给每个人发了一杯奶昔，上面贴着标签“健康奶昔：140卡路里，零脂肪”。

参与实验者在喝光奶昔后，抽血测试他们胃的饥饿水平变化，当人们吃了高卡路里的食物时，这种激素的水平急剧下降，当吃了健康低卡路里食物时，这种激素的影响比较平稳。

实验结果符合人们的预期，他们喝下高卡路里的奶昔后，饥饿激素水平急剧下降，喝下健康奶昔以后的饥饿激素水平是平缓的。

可事实是，心理学家给实验对象的两杯奶昔是同一种奶昔，上面的标签只是随便写的，真实的情况是，人们喝下的是同一种热量为380卡路里的奶昔，按道理应该出现相同的血液测试结果，可结果却是符合人们心理预期的激素水平。这便是心理学家的惊奇发现，改变人消化道荷尔蒙水平的是人们的心理预期。人们视某事有益或有害，会强化身体机制做出相应的反应。

在重大创伤性事件发生后，普遍发作的创伤后应激障碍是另一个值得关注的症状。在如地震、灾难、车祸发生之后，很多人会经历严重失眠、内疚，或极端惊恐，备受折磨。许多研究人员针对这些人群做出跟踪研究，并希望找到改善或支持他们的心理疗法。

美国研究人员对55名刚刚从严重的交通事故中幸存下来的人做跟踪研究，其中9名在事故发生后得了创伤后应激障碍，他们不停地在脑海中回述事故发生的场景，做噩梦，无法开车，避免乘坐交通工具，无法与人谈论所经历的一切。而另外的46名患者没有类似的痛苦。相比于得了创伤后应激障碍的人，研究人员发现，这46名患者的尿液样本中的皮质醇和肾上腺素水平更高——压力荷尔蒙水平更高。

皮质醇和肾上腺素的升高属于压力应对反应，在压力下为了帮助人应对压力情景，调动大脑、身体更多的资源来应对状况，压力荷尔蒙并不是要我们消灭状况，而是帮助我们更好地适应状况的发生。压力之下，无论是恐慌、害怕，还是出汗、发抖，这些其实并不是可怕的显现，这些都是来自压力荷尔蒙，是来帮助我们更好地面对状况的。越强烈的压力反应，越可以帮助我们更快地从重大创伤中恢复。

如今，心理学家们已经有了很多发现，压力下的应激反应并不一定有害，相反还可能是良药。某杂志描述了一个案例，一位50岁的老人在经历严重创伤性事件后得了创伤后应激障碍，研究人员为他注射皮质醇，连续3个月后，他的应激障碍症状得到了缓解。同样地，有医生在高危心脏手术的患者中使用压力激素，也被证明可以缩短重症护理的时间。

对人类来说，压力之下的应激反应早已不是几十年前的有害健康，让人避之不及，它已经随着人们意识的进步一起进化了。压力反应可以激发生理系统，帮助我们更好地找到压力下的应对策略，更好地适应压力，更好地在压力之下转化自己。

第二节　关于压力的信念：结果与你的信念紧密相连

“健康奶昔和堕落奶昔”的实验，向我们展示了你相信什么你的身体就会做出什么样的反应。在压力之下，你有什么信念，你的思维就会推动你做出什么行为，导致不同的结果。在科学家的实验室里，压力有害，压力也有益，这两种结果都是真实的。而对个体而言，你要为自己的结果负责。一旦你选择了某一种信念，你的思维模式就会为你带来相应的后果，并且，它对你的长期影响将会像滚雪球一样越来越大。

美国哥伦比亚大学的心理学家做了一次群体压力实验，这个实验的目的是想证明人们如何看待压力的观点，会影响到身体的压力反应。

压力测试的内容是模拟一段面试，面试官受过专门的训练，以便让被测试者在面试中感到压力和紧张，他们会提出刁钻的问题，并对被测试者的每一个回答给出批评，他们还会以最冷酷和最傲慢的态度回应被测试者，让被测试者感到不自在。

在面试开始之前，研究人员随机为被测试者播放两段视频，一段视频这样讲述：“压力对人们健康的损伤比你想象的还要大……”，视频讲述的内容都围绕着压力如何影响人的健康、生活、幸福指数和工作表现。另一段视频这样开头：“压力并不像我们想象的那样有害，压力可以提升人的健康和幸福感”，这两段 3 分钟的视频都是来自科学家们的真实调查，但他们会对被测试者接下来的心理与行为产生很大的影响。

随后被测试者观看完视频之后，开始进入面试环节，面试结束后，研究人员通过被测试者的唾液测试他们在压力下的身体应激反应。唾液中的两个成分会被测量——皮质醇和脱氢表雄酮。这两种激素都是压力之下肾上腺释放的，但它们有不同的作用。

皮质醇的作用主要是提高身体和大脑使用能量的水平。脱氢表雄酮是神经类固醇，一般认为它可以帮助你的大脑生长，它被称为成长激素，帮助你的大脑在经历压力之后，变得更加强大。

这次压力测试的结果十分惊人。观看不同的视频之后，每个人的皮质醇释放的程度是一样的，大家都在压力之下释放了更多的皮质醇，以帮助大脑快速运转。然后，那些在面试前观看“压力有益于成长”的实验对象，比观看“压力有害”的实验对象，释放了更多的脱氢表雄酮。他们的成长激素水平更高，是思维观念的不同导致了这一现象。

这不是什么“唯心主义”的主观想法，而是实验对象自身的激素证明了，正面信念会导致不同的生理事实。

“安慰剂效应”本身就可以解释，人的信念系统对自身的控制作用。

在很长一段时间里，心理学家和医生都相信，在对患者使用安慰剂的时候，要“欺骗”患者，告诉他们“安慰剂”是具有某种疗效的药物。直到一项有关“安慰剂”的实验，试图测试这一点时，心理学家们发现，人类的思维干预性的可行性又进化了。

在这项关于“安慰剂与思维干预”的实验中，心理学家明确告诉实验对象，他们吃的是“安慰剂”，它的成本只是糖。但是心理学家告诉实验对象，人的大脑和身体有自愈的功能，坚持服用安慰剂，会告诉自己的大脑和身体来进行自行修复。

实验结果是惊人，坚持服用“糖片”的实验对象，确实启动了自身的康复程序。这种已知“安慰剂”的思维干预，对头疼、抑郁、焦虑都有明显的效果，这种效果和以往最好的治疗方式产生了同样的效果。向患者们解释，他们服用的只是“安慰剂”，并没有降低效果，思维干预发挥了作用。

信念不仅仅可以起到类似“安慰剂”一样的短期效应，还可以产生长期的影响。一旦某个信念在你思维深处扎根，通过你不断地选择与实践，你会收获滚雪球一样的效果。

在一项实证跟踪研究中，100 余位实验对象从 18 岁起至 49 岁一直被追踪，他们对于老龄化的积极信念被发现与长期的健康状态有很大关系，那些认为老年代表着“更智慧豁达”“更有能力”的人，比认为老年代表着“无能为力”的人患心脏病的概率低 80%，并且那些拥有积极心态的人，从疾病或事故中恢复的速度更快。

德国的另一项跟踪研究，也发现人们关于年老的信念与健康有关系。积极乐观看待年老的人，对自己的健康状况更加负责，他们更加主动地做康复训练，应对各种压力状况。而对变老持消极态度的人，不愿意采取改善自身健康状态的行动。正因为这样的选择和行为，有积极信念的人对自己的生活更加满意。

心理学家们将自己主动转变思维作为一种新的干预手段，希望人们通过正面思维，自己掌握主动，在生活中获得益处。

凯丽·麦格尼格尔就是非常推崇正念思维干预的积极心理学家，在她的课堂上，引入了重塑新思维的课程，课程通过3个步骤帮助学生建立正念，第一步直接告诉学生们正向的信念来自自身，也会影响自己的行为和结果，要相信压力对自己的成长有益。第二步在压力之下重新思考自己有什么样的对策，有哪些行为和思维可以做出改变。第三步是鼓励大家分享自己在实践过程中的经验和改变。

课前和课后的调查显示，这些学生们在课程后思维方式都变得更加积极了，在学生们分享的如何将新思维运用到生活中的各种经验中，凯丽发现，这些学生们已经发生了明显的变化，他们更加擅长处理生活中各种状况，他们能够更积极、高效地看待和处理人生的挑战。

新的信念并不能改变境遇本身，但是可以改变遭遇状况者自身的心理和行为，改善人与境遇的关系。当人们能够用不同的眼光去看待压力的境遇时，自然能够更加智慧、创造性地去改善，获得不同的结果，也获得成长。

改变信念并不容易，有时我们的思维模式根深蒂固，这需要我们从“思、言、行”3个方面去觉察自己，有时需要和更多想要建立正念的人去分享各自的收获和改变。

当我们再面临压力的时候，先冷静下来，做出正念思维的转变，比直接冲出去行动可能更快见效，别忘了信念可以让我们的头脑和身体自动做转化。这样的新信念，并不是让我们摒除压力的威胁，而是让我们以更加平衡的心态、更加完整的视角，看待自己和压力的关系，也更相信自己，无论如何都搞得定。

第三节　压力的应对策略：多样策略带来跨越性成果

压力来临时，实际上人们第一步要做的是评估压力的威胁有多大，它需要我们做什么，我们有什么样的资源可以调用。这种压力会持续多久，它是短期还是长期的，我们需要做出什么样的改变。当我们想好自己要做什么的时候，进入第二级评估，我们是否有社会资源可以调用，并开始斟酌行动。随着我们开始尝试行动，也许方法奏效，也许无效，我们再进行新的评估与尝试。

压力评估与决策步骤
1. 估计挑战风险有多严重 它还会影响谁 最差的情况是什么
2. 考查备选方案，如果不改变会有什么风险 选定的应对方案可以接受吗 是否充分考虑所有可能的应对方案
3. 权衡备选方案，哪一个方案最佳 最佳方案满足所有需求吗 底线在哪里
4. 我是否选择最佳方案 是否需要告知其他人共同协作
5. 我不改变，风险有多严重 我做出改变，风险有多严重

在面对压力时，有两种类型的应对策略。一种是直面问题的应对策略；一种是聚焦自身情绪的应对策略。

直面问题的应对策略是迎难而上型的。当可控源是有效的，譬如，一场考试、要求苛刻的老板们，这一类压力之下，人们会竭尽所能去找到应对的方法，在行动上解决它。当我们感受到压力的时候，最自然的应对反应是“或战或逃”，要么去战斗、要么避开威胁，只要可以通过行动，去消除应激源，身体或大脑会帮助我们找到解决之道。

直面问题的应对策略都是自然发生的。交感神经系统会指导全身系统聚集能量，呼吸变得急促好让身体获得更多的氧气，心脏加速跳动将更多氧气输送给大脑，皮质醇增加让肌肉更有力量，压力让我们自然而然做好了应对挑战的准备。人们在压力下，不知道怎么获得如此神奇的力量，在性命攸关时，身体爆发出巨大的力量，去做到必须做的事。

还有许多勇敢的挑战者——艺术家、极限运动员、演讲者，在压力状态下更体验到心流活动带来的酣畅感。经过长久的积累，创造力、爆发力、表现力在压力之下喷薄而出。这些人都是在感受压力时，调用了大脑和身体更多的能量，才使得我们看到了无比专注、卓越的表现。

但有时应激源是不可控的，在这种情景之下，需要采取情绪聚焦的策略。譬如，承担照顾患有阿尔茨海默病的父母，或是养育自闭症的孩子，在这种情景之下，你无须去改变“应激源”，你需要改变自己关于这种情景的想法和感受，聚焦自身的情绪，或者加入支持团体，获得互相的帮助。

在面对压力时，应对的策略越多，效果越好。为了管理压力事件，你需要全面调用资源，并了解自己的需求。保持正面信念，直面问题，以及聚焦自身情绪都是必要的。

研究人员通过大量观察证明，处于积极心境的人会产生更有效率、创造性更高的问题解决方法。同时，研究也不断证明，比较了不同生活环境下的持续差异，良好的社会关系带给人更好的心境与情绪。

为了让自己更加勇敢有力，还需要多与他人联结。这也是压力反应之一，压力中的人们很自然地会更愿意与他人交流，渴望与社会联系，获得支持和积极地反馈。

这是由于压力反应之下，人体会释放催产素，它由脑垂体释放，调节大脑社交功能，因此催产素也被称为“拥抱荷尔蒙”。催产素会增加你的同理心和直觉，可以让人们增进互相了解与信任。

在承受压力时，人们都需要关爱和鼓励。如果你很想与人交谈，那正是压力反应鼓励你去寻求帮助与支持。催产素不仅仅促进人们在有压力时进行社会交往，同时还能带来勇气，它抑制住恐惧，不再僵住或是逃跑，它激发人更加勇敢。当有人做了不公正的事，你想捍卫自己的权益，也正是催产素带给你勇气。

曾洋是一位 6 岁女孩的父亲，他的女儿出生时被诊断出发育迟缓，这给他的生活带来巨大的改变，他与太太明白抚养这样一位特殊儿童是不可改变的，他们反复思考当初想要一个孩子时的愿望，抚养一个孩子所具有的意义。他们走访许多特殊儿童康复师，也与许多有相同情况的家长交流，他们了解了这样一个特殊群体，拥有怎样的资源、困难的境遇，在与康复师、医生和特殊儿童的家长们大量地交流分享与联结之后，他们选择了耐心、坚持，面对人生不可掌控的境遇，从那些事与愿违的事情中超越出来。

现在曾洋创建帮助特殊儿童康复的网络平台，帮助特殊孩子的家长们更好地建立交流与联结，帮助他们寻找康复师，获得对特殊儿童的康复技能与支持。

对曾洋来说，避免压力是不可能的，否认压力的存在也毫无益处。他无法做太多事去掌控自身的这种处境，但是却可以选择不同的价值观去主宰另一种人生的体验。

当不可掌控的压力发生时，我们有这样一种应对策略，牢记价值观可以超越事与愿违的境遇，将压力转化为令人敬畏的、能够唤起更高视角的意义与体验。

第四节　另一种压力应对：压力即挑战，压力即意义

其实在审视我们的生活时，时常会发现，那些充满压力的日子虽然曾让我们倍感疲惫，但往往那正是让你引以为傲的挑战。谈论起自己经历过的压力事件，是让人自豪的，因为它让人成长。我们都不会真正的想要将压力从我们的生活中抹去。

有时人们期望没有压力的生活，这是人之常情，可追求毫无压力是一种逃避。心理学家们发现，逃避压力，会带来更多负面结果。

苏黎世大学的研究人员跟踪学生对于期末考试和寒假两个时段的状态，以逃避压力为目标的学生，注意力、身体活力和自控力下降的最多。

还有一项长达 10 年的跟踪调查，调查了 1000 多名成年人如何看待压力。那些试图逃避压力的人，在未来 10 年里，更容易抑郁。他们会在职场、家庭，经历更多的人际关系冲突，也得到了更多的负面结果，比如，裁员、离婚。这项研究最重要结论的是，在导致负面结果的众多因素中，“想要逃避压力”是最关键的因素，无论在 10 年之始，每个人拥有怎样的起点和境遇，“逃避压力”都让他的处境和心境越来越糟。

心理学家们认为这种恶性循环，是压力的繁殖，压力本是支

持你的一种资源，当你消耗掉这种资源时，也自然失去了一部分支持，反而创造出更多的压力源。不断累积的压力，让人越来越难以招架，最终坚定地选择逃脱。归属感、联结感的下降，还会导致离群索居，最终带给你的是自我倒退。

基于心理学家的“压力繁殖”理论，想一想，假如不怕面对压力，你会追求什么，你的人生会丰富成什么样？如果你放弃追求，又会付出什么代价？

若你已勇敢决定好去拥抱压力，心理学家还有一条关于拥抱压力的技巧：转变压力为兴奋。

想象一场足球赛，赛前的紧张便是一种“兴奋”，它可以解释压力可转化为兴奋，肾上腺素提升，让球员们带着无比的兴奋奔向赛场，反而有了很好的表现。那这种压力，在考试前，为什么总会把人压垮，而不是让人兴奋地冲进考场呢？

研究人员测试了参加 GRE 模拟考试前，考生们的压力水平，通过测试唾液得知每位考生压力程度以发现压力与最终成绩是否有关系。结果发现，考试前压力水平更高的考生，实际成绩可能更好。这说明，压力确实可以转变为兴奋的，不论你的主观感觉是好是坏，它都在帮忙。

在获得结果后，研究人员向考生们讲述了这次测试的结果和意义，将这个结果作为一种思维干预，传授给学生。研究人员告诉考生们：“下一次考试前，假如你再感到紧张，就可以告诉自己，不要担心，心跳加速，感到焦虑，说明压力在起作用，它正在提升肾上腺素，帮助自己在考试中获得更好的成绩。”

这些获得过压力思维干预的考生，在几个月之后又参加了一次 GRE 考试，他们比没有获得思维干预的考生，取得了更好的成绩。将“压力”作为一种资源，是帮助我们取得更好成绩的策略。

在那些不是让人感到很有危机的情形中，比如，考试、演讲、面试，压力反应是否能转化为兴奋，很大程度上取决于你是否相信自己有能力处理压力。当你评估所处环境和自己的资源后，主观上认为自己的能力不足时，你的压力反应会转变为一种“恐惧反应”，你会害怕，而不是兴奋地去面对挑战。而当你主观上认为自己的能力和资源可以应对的时候，你的压力反应会转化为“挑战反应”，你会感到兴奋。因此，你的评估与决策，是决定压力反应模式的关键。

大量的研究表明，在面对压力时，专注于资源，会更有利于产生挑战反应。回忆一下我们在乐观主义者的归因方式中介绍过的情景，最有效的策略包含了：了解并相信自己的优势，思考过去类似的战胜困境的经历，相信来自亲友和各种社会关系的支持。这些都是可以迅速将恐惧转化为挑战，将压力转化为兴奋的思维干预。

研究人员为了证明思维转换，可以帮助人们将压力转变为挑战反应，提高人们的表现和成绩，做了一项分组实验。

参与实验的学生要做一次社会压力测试，在测试中要面对一群专门培训过的面试官，这些面试官的任务是以各种刁钻的问题、冷漠的态度回应面试者，让他们感到心理压力与不适。学生们被分为 3 组，分别在参加社会压力测试前给予不同的思维干预。

第一组学生接受的思维干预，是压力如何驱动能量来帮助我们满足情景需要，比如，心跳加速是为了增加血液循环给大脑输送氧气，以及认为压力对我们是有益的，可以提高我们应对反应中的成长激素，不仅提高我们的表现，还让我们的大脑更加强大，获得成长。

第二组学生所接收到的信息完全不同，他们被告知，忽略压力是最好的策略，可以帮助我们减少紧张，放松神经。

第三组学生没有收到任何思维干预的信息，研究人员让他们在社会压力测试之前，花些时间打视频游戏，以放松紧张。

当这3组学生按照指定方式做好思维干预或面试前的放松准备以后，他们开始进入社会压力测试环节。

实验的结果正如研究人员预料的，被告知“忽视压力，减少紧张”的学生和打视频游戏的学生，在压力测试中没有任何表现得以提升或改变，他们表现出了明显的“恐惧反应”，唾液中的淀粉酶水平很高，血管收缩程度更高，更加紧张、害怕。

而通过思维干预，视压力为可转化为资源的学生，表现出了挑战反应，他们没有像另外两组学生那样高程度的紧张，在整个测试阶段更加自信，与面试官有更多眼神接触，较少说出贬低自己的话，整个过程有更好的表现。

真的非常感谢这些心理学家们的发现，他们试图找到各种方法来帮助我们如何活得更好。试想一下，思维的转换，如果长期在你的生活、学习、工作中运作，会为你带来怎样的质的改变。

无论你感觉到的压力是什么感觉，心怦怦跳，手心冒汗，头皮绷紧，还是胃部痉挛，这些都是在告诉你很重要的信息：你正在争取对你有意义的事，你要化恐惧为挑战，你要运用你的资源和优势，压力正在为你调用更多的能量帮你应对，你会获得成长。

第五节　韧性：打不倒你的，使你更强大

1975 年，心理学家开展了一项长期压力研究，合作的对象是美国一家电话公司的职员，原本这只是一项常规的跟踪调查，但是电信行业在 1981 年因一项行业规定遭到了巨大的颠覆，美国国会通过了电信行业竞争并解除限制的条例，一年之内电信行业的电话公司发生大面积裁员。在这样的行业巨变之下，很多员工因为压力崩溃了，而有一些员工在压力中奋起，他们找到新的目标，生活增加了更多幸福感。那些在压力之下获得成长的人，都有一些很明显的特征。

首先，他们从不期望过完全没有压力的生活，他们认为压力是生活中正常的境遇，他们认为生活中虽有挣扎但不会导致更大局面的灾难，反而压力会让人成长、进步。其次，他们从不会自暴自弃，无论什么样的境遇，都会随之做出选择、行动。最后，若情况无法改变，他们会主动调节并改变自己的态度，他们愿意接纳状况，并让这些不影响到自身，他们更愿意与他人联系，对自己和他人都更加宽恕与怜悯，他们从身体、情绪和精神方面都把自己照顾得很好。

研究人员将这种综合的态度称为“顽强”，它代表压力之下的勇气、韧性。

研究人员确实发现，在面对压力应激源的时候，有一些个体

呈现出“高韧性”的特征，这些高韧性的个体，儿童青少年时期大多接收到父母的支持，而他们的父母具有良好的教养技巧。他们可以发展一些新的技巧来调整自身的行为，既能专注于解决问题（回忆前面讲的问题指向应对），又能调节自身的情绪反应（情绪聚焦应对）。

心理学家们非常热衷于研究这种“高韧性”个体的特质，找到了许多词语来描述这一品质：顽强、坚韧、积极、勇敢、正念、转化、成长性思维、复原力、抗挫折、创伤后成长。总之，拥有这种特质的人，是“擅长压力”的。

擅长压力，不意味着看到压力无动于衷，假装它不存在，而是以允许压力唤醒自己的勇气、动力、激发起更多的能量与智慧，挑战自己，获得成长；擅长压力，允许自己被压力改变，怜悯自己与他人，并懂得与他人互相支持、祝福；擅长压力，也意味着无论磨难还是挫折，都能找到意义和价值，用更高的视角看待这个转化的过程。

在帮助培养孩子变成一个“擅长压力”的人时，你可以运用心理学家们的研究成果，并参考心理学家们的这些建议。

▶ 研究表明，当人们被告知“你就是那种越有压力变现越好的人”时，他的实际表现会提高 33%。告诉孩子，你在压力下会表现更好。

▶ 改变语言：把“我真不想做这事”改为“我能做”。

▶ 改变想法：将“我需要放松，我很紧张”改为“我感到兴奋，能量满满”。

▶ 改变信念：压力是有益成长的，我乐于面对挑战。

▶ 改变社交行为：与更多的人互相支持、鼓励，祝福他人和自己。

其实，那些能为“高韧性”孩子提供良好教育支持的家长们也很可能正是一群“擅长压力”的人，他们相信，面对压力之下，你无须逃跑，无须挣脱，你所需要的所有资源都早已具备，那些智慧、勇气、力量、坚持、动力全都在你体内，只需拥抱当下的情景，拥抱压力带来的一切感觉，让它协助自己做出必要的转化，然后全力以赴去行动。

第六节　压力积极的一面：压力使人互信、包容、合作

关于压力的最后部分，是与他人和社会相关的。在前面的部分，已经讨论过，压力会产生催产素，这种“拥抱荷尔蒙”让人们更愿意互相支持、互相联结，它能令人们在困境中主动社交，更聪明的行事，也提供给人们更多的希望和勇气。这是人类的本性，在困难时互助互爱。

研究人员曾经做过一个关于电击和痛苦反应的实验，实验对象是一些夫妻，在知道所爱的人要遭受电击时，不可以阻止电击发生，但是研究人员给实验对象两个选项，一个选项是，在爱人遭受电击时，可以握住爱人的手，给他们安抚。另一个选项是，在爱人遭受电击时，他们可以用手使劲挤一个压力球。研究人员在这个过程中，观察实验对象的大脑。

这两种选择代表着生活中我们常常遇到的两种情景，在亲近的人遭遇困难时我们给予关注、陪伴、同理心和安慰。虽然我们实际可能帮不上什么忙，只是陪伴、倾听，或是精神上的鼓励和支持。但这是一种共渡难关的勇气和力量。相反，还有一些时刻，我们不愿面对这种情景，而选择逃避，不愿意看到他们受苦而让自己难受，所以我们避开他们，选择去做其他的事，心理学家管这种现象叫作同情崩溃，试图逃避别人受苦带给自己的压力。

研究人员从实验结果中发现了不同寻常的意义。那些握住爱人的手的参与者，脑部的关怀系统、奖励系统很活跃，这是因为人们在聚焦关怀别人、帮助支持他人的时候，大脑的反应让我们更多体验到的是希望、联结感和无畏。而那些挤压压力球的参与者，降低了大脑奖励系统、关怀系统的活跃程度，他们感受到的是逃避带来的无助感。这说明，如果我们只聚焦于减少自身痛苦，会让我们更加陷入焦虑。

这便是让人惊讶的实验结果：你越是无助，越要去帮助别人，帮助别人就是帮助自己。而你越是只顾自己，越有可能深陷泥潭，不能自拔。

沃顿商学院曾经做过一项关于缓解时间压力的实验，研究人员尝试比较两种方式，来消除没有足够时间的压力感。一种方式是给实验者一整天从天而降的自由时间，这一天做什么都可以。另一种方式是给实验者一天的时间，去帮助别人。一天结束后，自由花费一整天时间的实验者仍然感到时间不够用，而帮助别人的实验者则报告说，感到非常自信，对自己的能力和胜任的程度都感觉良好。研究人员总结这项实验，当你越感觉时间紧迫、有压力时，越应该去帮助别人，这可能与你的意愿相反，但结果却是有益的，慷慨地帮助他人可以消除你的无助感。

在此之前，人们都低估了帮助他人所能带来的良好感觉。

还有另一项实验也表明，向食物救济站捐款，能改变脑部情绪区域，让大脑活动更加活跃。那是因为大脑的奖励系统被激活，它让人感觉更好。

这些实验都说明，不必等到被逼到不得不做时才去帮助别人，先选择慷慨助人，奖励会随之而来。尤其是当自己感觉到自己的资源、情绪、时间正处于压力中、枯竭中，主动去帮助他人，这是一种很好的激发自身恢复抗挫折能力的途径，随之而来的是友善、照顾、支持、希望和力量感。

在很多时候，只关注自己非常局限，我们需要更宏大的目标，才能支持我们越过眼下的障碍。

有一项关于美国140家公司的调查，这些来自各行业的公司都在两年时间的经济衰退中苦苦挣扎，研究人员将这些公司的财务状况、收入、规模、组织目标等一一对比，想去发现究竟是什么让一些公司能够在危机中生存。当研究人员将那些活下来并活得很好的公司与倒闭的公司对比时，发现了一个显著的核心区别：最成功的公司都有更宏大的目标，他们用集体主义精神应对困难。比如，在经济衰退时，他们对周围的社区更加友善、关怀，给学生、教师打折，为年轻人提供奖学金等。这些成功的公司，都聚焦在更大社群的利益上，而不仅仅只考虑眼下自己的生存。而这些最后被证明，并不仅仅是自我感觉良好的策略，无论在哪个行业，这些超越个人关注更宏大目标的策略，都在危机之后为公司带来了明显的利润增长。

在提升学业表现、提高职业满意度、跨越个人发展平台期、度过经济衰退的年月，都需要这种“更宏大的视角”来帮助我们实现这一步巨大的跨越。

帮助到他人，会真正丰富我们的资源，人不可能只靠自己而活，自然之中的人类是紧紧相连的，许多时候，正是希望、鼓舞、来自他人轻轻地着力，让我们可以再次从绝境中展翅飞翔。当我们启动了关怀他人、照顾更多人的系统时，才联结上了大自然中最丰富的资源系统，这让我们真正地做出更英明的决策，调用更多的资源，并保证我们不会让自己枯竭，始终拥有希望和力量。

有大量的案例证明帮助别人，更可以解决自己危机创伤后的无力感。

- 地震后的志愿者，报告了更多乐观，更少的焦虑、无助。
- 配偶去世后，照顾他人可以降低抑郁。
- 自然灾害后的幸存者，通过帮助他人可以降低创伤后应激障碍症状。
- 长期患病者，成为其他病友的顾问，可以缓解疼痛、焦虑，降低抑郁、无助感。
- 经历重大创伤，如恐怖袭击、丧失家人的受害者，找到帮助他人的方式，可以降低自我内疚，重燃生命意义。
- 定期服务于社区的人，在遭遇生活重大挫折时，很少有焦虑或因此而引发的健康问题。

第七章
青春期的挑战

第一节　同一性：构建正面、丰富、整合的自我

有很多心理学家积极关注研究人生发展阶段，弗洛伊德主要关注生物学因素，对于心理因素关注最多的是埃里克森，他提出了 8 个心理社会性阶段。

他认为每个人一出生就存在一些倾向性，在一生中随着境遇变化时，环境会要求人做出适应，这时会呈现出矛盾冲突，每一次冲突都会让人格遭遇一次危机，当我们能够转换视角，度过这次危机，便可以获得成长和力量。每个阶段的危机，也是一个契机，若我们能够调和矛盾，便获得了进入下一个阶段时帮助我们度过下一个危机的基础，解决危机的能力便成为我们的优势。如果我们在前一个阶段的矛盾没有解决，在下一个阶段遇到的危机就可能加大，需要运用更多的力量和智慧去穿越。

在第一章的时候，我们已经介绍过了埃里克森的 8 个心理社会性阶段，青春期之前有 4 个阶段，这 4 个阶段的心理层面和弗洛伊德生理层面很类似。

青春期，连接了前面 4 个早期阶段和后面的成年阶段，因此它要完成的首要任务是复杂角色的转化，找到自我同一性。

8 个阶段	年龄	矛盾	优势
感官－口唇期	0～1 岁	信任与不信任	希望、信念
肌肉－肛门期	1～3 岁	自主与怀疑、羞怯	自由选择与自我约束力
运动－生殖器期	3～5 岁	主动与内疚	追求的勇气
潜伏期	6～11 岁	勤奋与自卑	胜任能力
青春期	12～18 岁	同一性与角色混乱	真实自我、真诚
成年早期	18～35 岁	亲密与孤独	爱
成年期	35～55 岁	繁殖与停滞	关怀、照顾
成熟－老年期	55 岁以后	自我完善与失望	智慧

阿尔弗雷德·阿德勒认为，青春期最主要的心理特征，是孩子们想证明自己“长大了”，他们已不再是小孩。如果家长能够向孩子坦言，这是毋庸置疑的事，孩子就会减轻许多压力，而不必过于看重如何向家长“证明”这一点。

青春期的许多行为都展现出“独立性”“自主性”“与成人平等”，孩子们理解的“长大”首先是这样的含义。

当家长给予这个时期的孩子过多的限制束缚，孩子理解的“长大”就意味着“挣脱束缚”，他们会用一切行为来抵抗，假如这时的家长认为，孩子需要像以前一样“被严格监管”，那就会遇到“道高一尺、魔高一丈”的激烈反抗，这种对抗产生的对立情绪，导致的是我们常常所说的“青春期叛逆”。

有时家长会发现孩子到了青少年阶段，突然开始吸烟，说脏话、打架、逃学，曾经他们是那么听话，这让家长们疑惑不解。有时可能是孩子一直不满意家长或学校的管教，终于到了更有力量和自由阶段，才开始公然反抗。有时是因为角色的混乱缺失，或是受到身边其他人的影响，就像阿尔弗雷德年轻的时候，脱离社会度过了一段时间，或寻求消极面的同一性。阿尔弗雷德认为，即便是社会意义上消极面的同一性，那也是一种角色，它优于没有同一性。只是结果与积极的同一性相比是差的。而受到一些社会团体或社会文化偶像的影响，青少年跟随模仿的行为也是在寻找一种同一性，但是这些负面的影响会限制自身的发展。

家长此时需要做的是创造更多的、丰富的机会，让孩子去选择多样的角色，同时也要运用技巧让他们尽可能了解到真实的结果会是什么样。此时，孩子认为他们已经长大了，但让他们自己发愤图强找到一条正路是很难的。让孩子了解所有的行为都会产生后果，每个人都要为自己的选择负责。

在许多关于青春期的文章里，心理学家们找到各种各样的案例问题，都源于青春期时期，许多童年时期没有解决的问题在青春期被放大。在青春期阶段，孩子们试图寻找自己的身份定义，他们尝试不同的身份定义，如果他们顺利地完成了各种角色的兼容，整合出了同一性，便建立起了自己的优势，真诚地相信自己与他人。如果他们无法实现角色的同一性，会出现角色混乱，不知道自己是谁，属于哪里，想要去什么地方。而在青春期时期，同伴的影响也非常关键，结交什么样的朋友，与某一个团体过多联系，单一地崇拜某个偶像，都会对自身发展带来局限。

与“长大”相矛盾，青春期常见的问题之一是对童年的留恋。一些孩子仍然喜欢像孩子一样咿咿呀呀的说话，喜欢和更年幼的孩子玩，希望自己永远稚气。另一些孩子一直被溺爱，希望自己永远被宠下去，长大后面对的世界对他们来说难以独自面对，他们不愿面对责任、困境，而自己不再是世界中心，让他感觉到气愤，无法与人合作。

另一种问题是，神经质的情感，这个问题经常发生在内向、不活跃的孩子身上，神经质是逃避压力的一个出口。青春期的生理体质，对压力反应是很敏感，当他们觉得没有做好面对社会压力的准备，会产生溃败反应、恐惧反应，这种神经质的状况因此产生。正如第六章，关于如何看待压力中已经讲到很多，不论是通过正念、支持、互助，这种状况是可以免除的。即便对某些神经质情感严重的孩子来说，普世的社会需求不适合他们，但他们也一定可以找到自己的兴趣之所在。完全的无能为力，最终导致的溃败反应，会产生严重的神经官能症、抑郁，那是大自然淘汰不能前进的人的一种手段。

心理学家们的研究结果显示，确实并不是每个人都可以从困境、严重的创伤中恢复，但也不是每个人都会彻底的溃败。找到个人兴趣、热情所在，找到社会兴趣，帮助他人与互助，在这个时期，这类孩子身上，是尤其重要的。

最后一种类型的问题是，早年经历中被忽视的孩子，在青春期时可能会非常在意是否被别人所欣赏，他们对赞扬的需求非常高，非常在意别人如何看待自己，别人是否欣赏自己。有时是因为缺乏自信，希望通过别人的赏识增加自己的自信，有一些女孩会因为在家中被忽视，在青春期怀抱着能得到欣赏的虚荣愿望而陷入恋情。这也是早期的几个阶段，没有解决前面的危机留下的问题，在青春期被放大了。若在这个阶段，她在恋情中后来的结果也是被忽视的话，会造成更严重的同一性危机，使她更难从内在好好看重自己，而不是依赖于外界的目光。在这个时期，对这类孩子而言，最重要的是，如何认识到自己是珍贵的，通过什么样的行为，能够认识到自己可以好好地赏识自己，而不是寻求在一段不可靠的恋情中体验自己是否值得被他人赏识。

青春期的很多问题，都来源于担忧，青少年们害怕失去童年的幸福、失去支持，又渴望获得力量；他们担心社会要求太苛刻，而自己无法去适应；他们也担心自己找不到方向和定位，既想要趋同别人又怕随波逐流；他们也害怕再也不被人重视，因此感到孤独和自尊感的低下。一切问题都来自青春期特有的情感的担忧，家长和教师需要理解他们对于角色混乱而产生的迷惑，以及他们对找到自我同一性的渴求。

家长和教师支持他们去体验尝试找到真正的自我。让他们能更多地了解到不同行为的真实结果，好为自己的所作所为负责。在这个过程中，他们会看到哪些是忠实于自己的，他们会知道自己与他人的关系该是如何处理，自己要做什么，属于哪里，去向哪里。

埃里克森的理论一直贯穿到人生的最后一个阶段，人在生命终点会回忆这一生面对过的挑战，如果他们能成功解决这些挑战，就会感到满足。同一性就是相信自己做得很好，确信这仅有一次的宝贵生命中，自己没有缺憾。一个人完成了同一性的确立，就能够具备成熟而健康的心智。

第二节　超乎意料的“黑马”：创造力、勇气、独立性爆发的青春期

青春期的孩子经常会发生明显的形势逆转，曾经被给予厚望的孩子可能在学习上遭遇失败，而曾经表现平平的孩子，可能展现出超乎意料的能力。持续的教育投入、父母和教师的参与、自由与尊重和新的兴趣，都可能让孩子在这个时期，忽然找到了新的起点，创造力爆发、勇往直前。在这一时期勇往直前的孩子，意味着没有任何困难与失败能阻挡他们。这便是青春期所蕴含的无限的爆发力与潜能。

智商曾经一度被认为是稳定的，由遗传决定。心理学家们对250名儿童进行了一项十几年的纵向调查，通过观察儿童4岁开始的智商，心理学家们发现，儿童早期的智商，确实与10年后的智商，有很大的相关性。确实，有一部分儿童的智商是非常稳定的。但是有一半以上的儿童，他们的智商发生了很大的波动。

这些智商发生波动的儿童，在不同时期，智商会呈现出一直升高，或者一直降低的趋势。到底什么样的孩子，智商会升高，哪些孩子会降低呢？研究结果表明，智商一直升高的孩子，一方面，家长非常注重儿童的智力发展，他们鼓励儿童不断学习，也不会过于严格或过于放纵。他们有的从早期2～3岁开始，持续为孩子做干预，也有的在6岁之后不断地为孩子教育投入。而另

一方面，智商出现下降趋势的儿童，多生活在贫穷环境，特别是长期处于贫穷状态，心理学家用“累积缺陷假设”来解释这种贫穷环境阻碍智力发展的现象，并且这种抑制现象会随着时间积累越来越严重。一项罗马尼亚贫困儿童的智力调查显示，处于贫困状态越久的孩子，智力测验的分数越低。

这说明智力随着时间的推移，会发生改变，家长在儿童智力培养上投入得越多，越可能发生智商一直上升的趋势。而智力与人的健康、学习成绩和未来的职业定位有关，和生活满意度也有密切的关系。

智商高的学生不仅成绩好，在学习上花的时间也更长。他们愿意努力学习，应对压力，并拥有更高的应试技巧。心理学家推孟跟踪过 1500 个智商在 140 分以上的儿童，这些天才儿童在长大以后仍然表现优秀，只有 5% 的人有不适应状态，他们有健康问题，但这个比例远远低于正常人群。这些智商高的儿童，在青春期时期智商还会不断升高，常常脱颖而出。中年以后，88% 的人在专业性领域工作。作为这样一个专业性群体，提供过 200 种模型，2000 篇科研报告，100 本出版书籍，375 篇戏剧或小说，300 多篇论文、杂志文章或评论。智商高的女孩，也对事业成功有很强烈的追求动机，也有更高的主观幸福感。

近年来，对于天才的定义更加广泛了，除智商以外，创造力也是重要的表现形式。

心理学家们发现，开创性的人才，更具有创造力，创造力的部分所发挥的作用比智商更重要。尤其在科学界，创造力尤其被重视，创造力代表一种能够激发新奇想法、创新性解决方法的能力。有创造力的孩子，其父母通常鼓励他们的好奇心，支持他们对自己感兴趣的事物进行深入探索。

在心理测量学家们深入研究创造力时，他们发现，创造力更像是一种发散性思维，而不是聚合性思维。聚合性思维要求个体找出问题的一个最佳答案，而发散性思维要求个体发现问题的各种解决途径。发散性思维和智商的关系只是中度相关联的，它与普通的智力认知技巧有区别，也可以通过培养来提高发散性思维的能力。因此，我们通常还会看到，很多有创造性的人才，他们灵活、变通、不墨守成规，甚至有些叛逆。

儿童在进入青春期的阶段时，开始追求个性张扬、自由、新奇，除了继续对孩子的智力投入，也是鼓励培养发散性思维、创造力的大好时机。大多数人都有创造的潜能，不仅仅是高智商的孩子可以成为杰出人才。只要能够整合创造性的资源，都可以发挥创造。

专门研究创造力投资理论的心理学家斯滕伯格认为，那些创造性高的人在思想领域里非常擅长像做投资一样“买低卖高”，意思是，他们喜欢投入在新奇的领域，别人不常关注的领域，有时可能不被支持，或不被看好，但就在这样的怀疑的目光中，他们创造出让大众大吃一惊的高价值创造。

斯滕伯格从几个方面，分别描述了哪些因素促成创造性的发展。

首先，他们具备解决问题、分析哪些领域是否值得自己投入的智力才能。如果一个人不能对自己的想法做出评估，以及无法向他人推广自己的想法，表达自己的想法有什么价值，他很难达成成果。

其次，知识的积累。无论是文学、音乐还是科技领域的领先人才，都对自身所在的领域非常熟悉，就算牛顿被苹果砸到顿悟，那也是他首先要知道什么是力学。顿悟只会光顾有准备的头脑。

再次，这些创造性的发展，需要鲜明个性特征、明确的动机。有研究表明，乐于冒险，在不确定的情况下仍保持清醒的头脑，对某些想法坚定的追求和信心，都与创造力有很紧密的联系。人们对这个领域具有真正的热情，而不只是想着会有怎样的回报或奖励，具有热情和兴趣本身才是获得创造性成就的必要条件。

最后，很多时候这种创造性的发展，确实需要外部环境的支持。例如，很多在音乐、棋类、数学方面有特殊才华的儿童，他们的成长得益于支持性的环境，他们的父母很早就发现了孩子的天赋与众不同，能够请专家、教师来辅导孩子特殊才能的发展，并愿意投入时间、人力、物力来支持孩子们走上与众不同的发展路径。

斯滕伯格的研究认为，这几种因素共同决定了创造性能力的发展，创造力不仅仅是发散性思维这个单一因素，而是多种因素的综合反映。

在课堂上如何培养创造力，是心理学家探讨过很多的话题，例如，加德纳的多元智力理论提倡为学生提供发展各种能力的机会，包括空间智力（绘画、雕塑）、身体运动（舞蹈运动）、语言智力（演讲），虽然这些内容对提高传统科目的成绩没有太大帮助，但针对有特殊才能的孩子，能够发现他们的特殊才华并支持他们追求发展是很重要的。

在儿童时期，可能就会显露出特殊才能，只是很多家长并不能确定这一点。心理学家建议，即便无法在早期确定儿童的特殊才能，在儿童对某些不合常规的事物表现出异常热情的时候，应该给予孩子支持，如果可能的话，请专业人士来教导孩子，也许正是帮助了未来一位了不起的创造型人才。

在青春期这个特殊的时期，孩子很有可能会在智力、意志上爆发出超越以往的潜能。家长给予的教育投入和环境的支持，会显现出对智力成就发展的持续影响。智力成就需要天性和后天教养来共同塑造，智力成就对孩子未来的发展也具有整体性的影响，包括未来的职业、社会地位、情绪发展、领导力、受欢迎程度。创造性相比智力的成就，是更加综合的成就，它包含了智力、认知、个性、动机和环境因素。

无论是哪种实验或理论，都可以作为很好地支持证据，在青春期这个特殊的阶段里，孩子会具有不同寻常的自主性，我们可以通过各种丰富的机会，来支持孩子的主动性，帮助他们获得智力成就和独特的创造力。

第三节 性的困惑：增强安全意识 家长首先要稳住

儿童在四五岁时关于性别的观念基本就已经定型了，许多3～7岁的孩子对于性别认知已经具有标准。婴儿时期，我们就会看到婴儿研究自己的身体，5岁的男孩就有可能像个男子汉一样思考，认为男孩不应该玩布偶娃娃。而到了青春期，孩子们会变得对跨性别的行为，变得更加不能容忍，这时他们经历一个“性别强化”阶段。

男孩开始更加认为自己具有男子气概，女孩也开始更加强调自己的女性化一面。如果家庭中既有男孩也有女孩，通常父母会对与自己性别相同的孩子负有更多的责任，这也会强化性别。这时的青少年开始逐渐意识到，必须遵从传统的性别角色，才可能在吸引异性上更有竞争力。过去“假小子”式的姑娘，会开始变得在穿着与行为上更加女性化，男孩也会更加展现男子气概。

但也会有例外的情况，由于许多文化中都给予男性更高的地位，有可能会发生“男性钦慕”。“男性钦慕”不只是发生在女孩身上，也会发生在男孩身上。“男性钦慕”会显化出很多种类型，有的女孩可能会像男孩一样着装、言行，她们看低自己的女性身份。有的女孩可能非常崇拜男性身份，以至于完全害羞无法与男性交谈。当“男性钦慕”发生在男孩的身上时，有的男孩会非常崇拜“男子气概”的行为，压力太大认为自己无法成为男子汉。最困惑的是，一些长相像女孩的男孩，可能会被人耻笑“像个女孩”，如果他们不能在心理上很有力量，认同自己“长相如何”在自己的性别身份中毫不相干，他们可能会在行为上女性化，模仿女孩。心理学家建议，在青春期性别强化阶段，父母必须扮演积极角色，鼓励孩子们相信自己，认同自己是最重要的。而在突破性别刻板印象的限制上，父亲起着很重要的推动作用。

在这个时期，很多家长非常热衷于为孩子开展“性教育”，仿佛不做关于性教育的传授，孩子们会在无知中长大。但是心理学专家们建议，没有必要向孩子不断灌输不必要、不恰当的性知识。家长可以反省一下自身以及身边人的经历，孩子在这个时期会自然产生好奇，但如果他们没有主动向家长询问，家长不必过于积极，反而在这些方面应该谨慎，不要在家里存放不该让孩子接触到的色情图片、图书或影像，不要给孩子性欲上的刺激，这可以避免很多不必要的麻烦。青春期与成年早期不同，孩子在青春期的主要任务是实现同一性的目标，成年早期才是对于亲密关系需求最关键的时期。

在这个时期，对于碰触孩子也应该多加小心，父母与孩子之前温暖的拥抱是可以的，但要小心不要激起孩子的生理反应。与此同时，也建议父母在孩子面前，也尽量回避亲密举动。如果有条件，也应尽量避免父母与孩子睡在同一个房间。

对于这个时期，父母应该非常谨慎小心，不能草率。如果他们不能对孩子这个阶段的性格、生理状态、心理状态有很好的了解，也就更不可能明白孩子会受到什么样的影响。

第四节　青春期的挑战：为成年做准备　为自己的选择负责

青春期，在人类的一生发展过程中被赋予非常重大的意义，其实人们把每一个重要转折点都赋予了重大意义。父母和孩子们因此如临大敌，青春期之前，孩子们还是我们怀抱中乖巧懵懂的宝宝，而转眼过完了青春期，他们就要独自离开家，成为一个成年人去独立生活了。哪个父母能不饱含深情与期待呢？

当青春期结束以后，孩子们要开始面临亲密与孤独的问题，他们离开家，进入大学，走向社会，开始承担社会责任，他们要与人建立亲密关系，还要与人合作，履行自己的承诺，承担责任。

解读青春期最大的焦虑，其实不是来源于生理的改变，而是社会环境要求孩子们做出的变化，这是青春期最大的情感担忧。

我们需要教会孩子们，渐渐地将自己视为社会中的一员，是平等的一分子，为自己的选择和行为负责的同时，也要去承担来自社会的责任。亲近社会，亲近社群，对待异性为平等的伙伴。在青春期时，孩子们所遇到的所有问题，都是为了他们成年以后做准备。

有的孩子在家长的看护下、教师的强迫下才可以完成任务，但在只有自己独立面对的时候，却无所适从。有的孩子无法离开家庭的小圈子，恐惧更广泛的社群，只因为担心外面的世界不会像家里一样一切以他为中心。有的孩子排斥他人，攻击他人，无法进入亲密关系、给予他人承诺。

但是整体来说，孩子们在经过了父母、教师、班级集体的陪伴经验之后，会进入独立和自由的阶段，他们拥有广阔的空间去实践。对于人的一生发展，遗传、生理、环境、养育等因素虽然都有影响，但心理学社会性经验是最重要的影响因素，不论孩子们经历了什么，成功、失败、错失机会，还是顺利，一切都是为了塑造积极完善的自我。

当我们为孩子们创造各种学习的机会时，永远要记得先决条件是保证安全。安全是一切生命活动的基础，安全也是所有上层精神需求的根基。我们在不伤害自己、不伤害他人的前提下，在保证安全的前提下，为孩子们创造多元情景模拟，让孩子们有机会体验不同的人生选择，并学会为自己的选择负责。

如今的社会文化、价值观越来越多元，我们的下一代在青春期时所要面对的“同一性”建立，可能要比上几代人的“同一性”具有更丰富、更立体的层次。在认知与技能上，我们的下一代会同时具备我们曾经需要花上两辈子才能学习的技能与知识，也可能因为其思维的开放性而同时融合多种价值观。他们在生命价值的追求会比上几代人更加自主，在获得幸福感的维度上也比我们更加扩展。

现代科技、信息的发展，已经可以提供非常多的手段帮助我们实现多元情景模拟，譬如 VR 技术、沙盘演练、情景戏剧课程、案例分享、主题体验等。这些多元情景模拟体验，都是为了孩子们成年以后做准备。

在多元情景模拟中，孩子们在不同的人生角色、不同的时期、不同的价值观、不同的资源与限制条件下，逐渐明晰自己不要什么，自己想要什么，自己的目标是什么。他们会理解，并用自己的选择和行为来表达“我是谁”，自己为自己的选择负责。

我们帮助孩子们创造这种学习与实验的机会，让孩子们可以开放性地思考如何描绘自己的生命蓝图，如何创造自己的生命。

第八章
惩罚、语言暴力的影响

第一节　体罚无效：消除不合作意识树立正确认知

对小孩子惩罚性的“打屁股”是一种常见的体罚，美国有一项数据调查，在 962 个样本中，约 64% 父母报告说他们对 19 ～ 35 个月大的孩子打过屁股，约 26% 的父母会经常打孩子的屁股。

有大量的心理学研究证明，体罚会给孩子带来消极结果。在孩子越小的时候被打的次数越多，长大以后显示出的问题也会更多。在对 1000 名儿童的跟踪观察时发现，15 个月大时所接受的体罚，与他们入学一年级时出现问题之间有显著联系。

个体心理学之父阿德勒在大量研究少年犯罪问题得出结论，体罚是无效的，它只会增加负面敌意和不合作。

很多犯罪分子在学校里时遇到过类似的处境，他们缺乏合作意识，由于行为顽劣，面临很多的惩罚、责备，这加强了他们对自身处境的无望，觉得他人是与自己敌对的，自然很讨厌这种氛围环境。被体罚的孩子，最后的自信与自卑也会因体罚而丧失，他们开始逃学，在学校以外的社会遇到了与他们类似的其他孩子，这些人群可以互相理解，还会支持他继续反对社会，对抗学校，与大众为敌。当他对生活、学习中该学的和该做的都不感兴趣时，他们更会觉得这个团体在一起是轻松的。就是这样，很多孩子加入了犯罪团伙。即便再用什么样的惩罚，都只会更加让他们坚定地燃起敌意。

他们会将惩罚作为自己战胜恐惧的挑战，不管是体罚、经济惩罚，还是其他形式，这些人会认为惩罚越重，越有挑战，他们以狡诈战胜的欲望也就越强烈，并在这犯错的道路上越走越远。

关于犯罪者的惩罚是一个极端的例子，很多父母确信自己的孩子不是这样的极端人群，但也还会用体罚的形式来惩罚。很多时候，当我们使用体罚这种强力手段时，是在认为某些人是邪恶的，为了让他们悔改、长点记性，希望惩罚的痛苦让他们：①意识到自己错了；②感到懊悔；③改变行为。但心理学家们一直认为，体罚并不是一种很好的教育手段。

首先，体罚的恐惧很难让孩子感受到父母的爱，有时孩子因为不想在父母面前屈服，在行为上就不一定会如家长所愿，即便他们认为这样做有益处，也会因为抵制的心理而拒绝去做。其次，很多时候体罚所带来的效果，用其他的方式一样可以达到。

对于使用体罚惩罚孩子的大人，本身是不成熟的。比如，他们意识不到自己的行为会有什么后果，他们在惩罚他人的时候有时更多是满足自己发泄情绪的需要，他们认为自己有“权利”惩罚他人。

惩罚对于关系所带来的伤害，其代价远远大于你想要的立竿“见效”，有时家长找不到更有耐心的解决途径，体罚便成为一条“省事”的捷径，但是一旦我们让自己成为“施暴的人”，就很难再得到友善、积极的回应了。

美国非暴力沟通专家马歇尔·卢森堡描述过他参与过的案例，

有一所学校的校园秩序非常混乱，很多班级都发生了教学无法进行下去的情况，有一些学生甚至会带着啤酒来到教室，活跃地交谈，打扰到想要听课的学生，很多教师对这种情况束手无策。很多学生认为，学校或教师应该用体罚的形式，惩罚那些扰乱秩序的学生，否则这种混乱的情景似乎没有解决的办法了。

在心理学家的建议下，学校单独准备了一间教室，给那些暂时不想上课的学生提供了一个去处，同时为愿意学习的学生创造更好的条件。学校对学生们说，这是集体讨论的结果，并不是学校的命令，这样做也不是为了惩罚，而是为了给其他想学习的同学提供权利。同时在这间教室里，安排了一位非暴力沟通技巧的教师，当有学生来到这间教室时，会主动与学生交谈。这间教室的设置以及沟通的方式起到了重要作用，除了回避矛盾，避免伤害，也同样有效地解决问题。最重要的是，体罚会让人看不到事件背后的意义，更多的结果是关系伤害，这结果与我们的初衷背道而驰。

心理学家罗斯·帕克专门研究了如何控制儿童不良行为。总的来说，最好的方式是由一位和蔼的家长，用严厉、一致而及时（不是延时的）的惩罚是最有效的，这个惩罚需要能够提供一个禁止某个行为的合理解释，这种惩罚才会有效。

这个自我道德培养的核心是解释认知理由的效应，但效应不是惩罚所产生的。因为真正的自制力是由认知控制表现出来的，而不是孩子内心的恐惧和担忧。

如果只是担心受到惩罚，并不足以让孩子在没有外界监督的情况下主动遵守规则。为了建立真正可以内化为自我控制能力，需要的是告知孩子为什么要限制某种行为，以及在做出不良行为后为何要感到愧疚。根据帕克的研究，从内部归因可以促进道德自制力的发展，让孩子相信自己，可以抵制诱惑、遵守道德规范，给他们贴上“诚实和善良”的标签，不仅可以增加他们抵制诱惑的控制力，还可以促使他们做出符合积极自我形象的行为。

第二节　语言暴力无效：避免道德批判、比较、逃避责任和强人所难

“语言是窗户，或者它是墙。语言审判我们，或让我们自由。”一位诗人用这样的诗句表达出语言是一把双刃剑，语言也是智慧，我们能认识到语言和表达有很大的影响，很多时候我们不承认自己的语言是“暴力的”，但事实是我们的语言确实常常引发他人或自己的痛苦。

因此，我们首先需要对“暴力”语言做出一个界定，这样的语言通常是说话人自顾发泄自己的情绪，忽视他人的感受，也可能忽略真正的目的，最终的影响也是负面的。它既不会让你完成目标，也很难满足你的个人愿望，还会加深矛盾，制造更多的问题。

非暴力沟通专家马歇尔·卢森堡将常见的语言暴力归纳为4种类型：道德批判、比较、逃避责任和强人所难。

道德批判心理学家哈维在研究语言与暴力的关系时将许多国家的文学作品中随机选出其中的篇章，对文章中某些词语的出现频率做了分析，这些词语都涉及道德批判。他的研究结果说明，道德批判类的语言词语使用频率越高，暴力事件就越频繁。在某些社会、时代，人们习惯将人区分为好人和坏人，并认为坏人要受到惩罚。在另一些社会，人们倾向于围绕人的需求考虑问题。

后一种类型的社会暴力事件更少发生。

人们经常所做的道德批判，是以自己的价值观为基础的，他们将价值判断和道德判断混为一谈。在看到一个人的行为，不符合自己的价值观的时候，就将他视为“邪恶而应该被惩罚的”，这就是道德批判。不论批评、指责、辱骂、归类、比较、评论，这都是在批判别人——以个人的价值观，站在道德的制高点，批判他人。

心理学家研究价值观的时候发现，绝大多数的价值是更接近于一个人自我概念的核心，而不是众多人都认同的。每个人所认为的什么是可贵的，有很大的区别，有的人认为自由、勇敢、开放是价值，还有的人认为保持传统、坚持、诚实是价值。经济学家的价值观是利润最大化，政治家的价值观是组织效用最大化，宗教团体的价值观是信仰虔诚，艺术家的价值观是美，理论家的价值是注重概念，社会学家的价值观是注重人的需求，环保主义者的价值观是生态平衡。这些价值观都不同，这些都暗含了每个个体或集体的核心的主张，但我们不能因此作为要求他人也与我们一样，甚至是用道德批判他人。

小孩子可能因为教师又压堂，就会说教师“太过分了”；球迷因为喜欢自己钟情的球队，骂其他球队的球迷是“混蛋”；小孩子想让家长多陪伴，我们就说“太黏人了”；如果同事要求工作细节，我们就说他“强迫症”；如果他不如我们认真，注重细节，我们就说他“马马虎虎”。

这些评价都暗含着我们以自己的价值观去批判别人。我们直接这样用语言表达出来，或者向其他人抱怨，这就为我们积累了敌意，有时是立竿见影的冲突，有时对方可能因为碍于面子做出让步，接受了我们的批评，但也不是心甘情愿的。久而久之，他们不会与我们像以前那样友好，迫于内部压力和外部压力，接受与自己价值观不符的批评，对自己是一种伤害。要么心怀恨意，要么埋怨自己。直到矛盾积累到严重的程度，关系就会严重地破裂。

最好的方式是求同存异，直接明白地说出自己的价值观，而不是指责他人。不要使用语言暴力来解决问题。大部分的暴力的根源，都是来自忽视别人的情感需求和感受，将冲突归咎于他人。无论是个人之间、家庭内部，还是组织、国家、民族间，从语言、行动，到精神、身体上的暴力，都是源于此。

比较。将人与人进行比较是另一种批判的形式，心理学家诙谐地称：如果想过上悲惨的生活，就去和人比较。

心理学家发现，现在人最大的焦虑来源是广泛充斥于媒体上的标准，例如，完美身材的男人或女人的全身照、代表财富和地位的某种富有的生活标准。心理学家做了一个测试，让实验者将自己的身材尺寸量好，再给他们媒体上美女或帅哥的身材尺寸，让他们比较差别，实验者的心情会变得很糟糕。他们还做了另外的实验，比如，用自己的成就和12岁时的莫扎特做比较，更不用说将自己的存款数额与富豪的财富去比较。

比较是让人忽略自身的优势、破坏满足感、降低主观幸福感，以及蒙蔽自己对自己的爱意的行为。说出比较的话语时，这背后是蒙蔽的爱，它是破坏性的行为。

最好的方式是不断地接纳，接纳自己生活中好的时候和坏的时候，接纳每个人的不同，接纳世界存在的多样性。日渐宽广的胸怀，会让人懂得：人生不需要比较。

逃避责任。每个人对自己的思想、行为、情感、选择都应该负有责任，可现实中我们经常能听到人们一边抱怨做着自己讨厌的事，一边口头上说着，我没有办法，我不得不这么做。这便是一种逃避自己该负起责任的说辞。

非暴力沟通专家马歇尔·卢森堡记录过这样一个案例，在一次关于逃避责任的讨论会上，有一位学生的家长说："我不同意告诉孩子们他们有些事不得不做，这并没有错，生活现实就是这样，事实上，20 年来，我每天晚上为他们做饭，我恨透了做饭，但是我不得不做！即使我已经累得像狗了，还是要做，因为我不得不做！" 在听完这样的叙述以后，马歇尔与这位女士讨论了为什么她长期做着自己不愿意做的事情，以及用非暴力的方式去和家人沟通的技巧。之后，这位家长找到了方式，并已经决定不再做晚饭。之后，又过了一段时间，这位女士的两个孩子也参加了关于沟通的学习，见到了马歇尔，谈到了他们的母亲不再做晚饭的决定对自己有什么影响，他们对马歇尔说："我们真高兴，再也不用在吃晚饭的时间，听妈妈不停地抱怨了！"

这只是一个简单的例子，没有那么多你不得不做的事，只因为你没有充分对自己负责，在你抱怨、发牢骚，或者冷漠地说着"我不得不这样做"时，好好觉察一下，你逃避了什么责任。

一位作家记录了战争法庭审判纳粹战犯阿道夫·艾希曼的过程，根据记录，这位战犯不停地使用逃避责任型的语言，在被询问他采取了什么行动时，他回答"我不得不这样做"，当被询问为什么这样做时，他回答说"是长官的命令""是根据公司的规定”“是根据章程”“是根据法律规定”。当他说根据这些理由行动时，尤其是残害他人的行为，他在试图逃避自己也是罪犯的责任。

马歇尔·卢森堡整理了这些类型的语言，都属于逃避责任的说辞。

▶ 受无名力量驱使

为什么做晚饭？

因为我不得不做。

▶ 他人行为

为什么要打小孩？

因为他不听话。

▶ 上级命令

为什么向客户欺瞒？

因为老板让我这样做。

▶ 同伴的压力

为什么吸烟？

因为朋友们都吸了。

▶ 机构的规章政策

为什么要裁掉员工？

因为违规，根据规章，必须这样做。

▶ 无法控制冲动

为什么熬夜打游戏？

因为控制不了我自己。

这些异化的沟通方式，背后是人对于自我掌控的丧失，缺乏责任感，对于背后无名力量、组织、规章唯唯诺诺地盲目服从。人一旦意识不到我们是自己的主人，就可能成为危险人物。

最好的方式是对自己更真实，了解自己的需求和恐惧，弄清楚自己逃避了什么责任，自己逃避了什么样的挑战，那背后正可能是我们需要跨越的障碍，是我们必须经历的成长。

强人所难。强人所难的语言、命令背后暗含的是威胁。威胁，意味着他人如果不答应要求，将会受到惩罚。有时它是明确地讲出来的威胁，有时是以其他形式表达的威胁。有一种强人所难，先在开始的时候用请求的方式提出来，如果他人不答应请求，马上向对方发起责难，或用情绪操纵他人，引起对方内疚，想达到目的，这也是强人所难的命令。

当他人在听到强人所难的语言、命令或威胁的语言时，只看到了两个选择：服从或者反抗。他人并不会乐意满足说话人的需求，若我们平时就有责备他人的习惯，那他人更可能不愿意。如果继续将他人的不服从，看成一种排斥，而不去考虑他人的感受，这会形成一种命令威胁与反抗的恶性循环。

父母、教师或上司，都相信自己有责任改变他人，并让他人按自己的要求遵守规矩。管教孩子、学生，管理员工，是本职，但是往往提出要求的很多，却无法强迫他人按照我们的期待去生活。尤其是孩子，越是强迫、高压、盛气凌人，越无效，甚至动用惩罚，但换来的反而是更厉害的对抗。

强人所难和道德批判背后有类似的机制，道德批判将人区分为好和坏，强人所难将人区分为“受奖励”与“受惩罚”。这仿佛是来源于我们的祖先，那时的人被训练成为奴隶，服务于专制者的利益，若不服从命令将会受到惩罚。我们大多数人，确实自动习得这种说话的方式，这让我们也的确受到了惩罚——语言本身带来的冲突和愉悦的关系已经是一种惩罚。

最好的方式是，在生活中不要去强迫他人，更多考虑他人的感受，表达出我们的愿望、需求、请求，而不是“命令”。

非暴力沟通专家给出这些建议，改变语言习惯，更高效的沟通。

▶减少说“你应该”“你不应该”。

▶将“请打开门”变为“帮我打开门好吗”。

▶在说话时，不要比较。

▶即便不符合我们的价值观，也不做道德批判。

▶将“我不得不做”换成“我选择做”“我为自己负责”。

▶如果我们愿意去体会什么会让他人回答“是”，我们的表达便是“请求”，不是“命令”。

▶如果他人回答“不”，充分去体会对方的感受，如果你知道有什么妨碍对方回答“是”，就不要再继续试图说服。

第三节　包容的智慧：学会观察，不做批判

我们的头脑分为左脑和右脑两个部分，左脑负责逻辑、推理、计算、语言、科学，它是我们智力的主宰。右脑负责非逻辑、创造性、感受、直觉，它是我们感受的主宰。

如果现在我们的面前有一桌美食，左脑会分析计算这些美食的营养成分、蛋白质、纤维、卡路里，也许还会想起采购食材时涨价了，你的头脑像一台机器一样运转计算，你还能享受一顿美餐吗？而你的右脑，如果它运作良好的话，你会闻到食物的香气、颜色，然后用舌头品尝它的味道，当你一边享用着美食，身体也一边体验着这一刻的幸福满足感。这就是自然赋予人类的礼物——经验的感受。

印度哲学家克里希那提曾经说："人类最高的智慧是学会观察而不是批判。"他的意思便与"左脑"和"右脑"的区分有一些类似，当我们不受大脑的思维、评判控制时，我们可以用生命的经验去观察、体验、感受。因为此时，人类可以完全地投入当下的生命，既没有计算未来或过去，也没有陷入左脑机械计算的程序里，只是感受当下，体验着此刻的事物。

感受当下、观察和体验，代表着我们天生对美好事物的欣赏、好奇、直觉和天赋，这些品质让我们的生活轻松、美好、喜悦。只是单纯的观察和体验，并不比较、批判，它不寻找"对与错"，也不分析问题或制造问题，也没有"事情应该如何"，体验只是欣赏

什么是满足、美丽、独特，看待每个人就像看待大自然中的一切，感受大树或者小草，不去比较批判它们。这便是感受、观察、体验的智慧之处，它简洁、灵巧、充满了创造力、智慧和喜悦。

但这些品质在现代快节奏的生活、竞争、求生存的社会中并不是一定必要的，观察、体验的品质因此被教育忽略了。在教育中，我们更多地被训练使用左脑思考、推理、收集信息，我们的智力部分，不停地比较分析，即便没有特殊的目的时，它也不会停下来安静，它善于发现“错误”和“漏洞”，然后制造出一连串的问题，这被称为我们头脑的天性。

但是自然赋予了我们两者——头脑与体验，分析与观察，智力与感受，因为我们需要活出完整的生命。不要因为我们太善于头脑的钻营，迷失在各种分析、比较、计算之中，而仿佛生命始终缺失了什么。在我们的整个浩瀚的生命中，学会在分析批判中停顿，在停顿中去深入地观察、体验，这会让我们在不知不觉中改变生活的质量、人际关系的状态，以及更深入地表达我们的生命力与创造力。

为什么观察在我们的生活、人际关系中非常重要？非暴力沟通专家将观察列为最重要的一个因素。因为在与人交往沟通的时候，当我们把观察与批判混在一起时，人们只听到批判。语言学家认为，我们的语言生成年代久远，代表了一种先天不足，它是静态的。而我们的世界是变化动态的，包含着无尽的过程和复杂性。如果用绝对化的结论来定义变化的人、事、物，会引起他人反驳我们。因此，非暴力沟通，主张用动态的语言观察和描述事件，而不是定义、批判他人。而且假如定义是负面的语言，所造成的影响就更大。

我们每个人都担心他人对我们的想法，假如有 9 个人对我们大加赞扬，但是有一个人对我们有负面的评论，那个负面的评论对我们影响非常大。

为了帮助我们区分观察和评论，语言学家给出了一些例子。

▶ 体现出评论人对发表的评论负有责任

观察与评论混淆的说法：你真慷慨。

区分观察与评论的说法：当我看到你把仅剩的生活费都捐出去时，我认为你太慷慨了。

▶ 把预测当事实

观察与评论混淆的说法：如果你与部门经理不融洽，你早晚丢掉工作。

区分观察与评论的说法：如果你与部门经理不融洽，我担心你会丢掉工作。

▶ 缺乏事实根据

观察与评论混淆的说法：他不负责任。

区分观察与评论的说法：上周他离开办公室时没关灯。

▶ 把评论当事实

观察与评论混淆的说法：他长得丑。

区分观察与评论的说法：我觉得他的长相对我没什么吸引力。

▶ 避免使用产生评论效果的词：总是、从不、经常、很少

评论效果：你从不来参加我的家长会。

尽量使用确切的数量描述：一周 3 次、半年里没有过、每周最少两次。

观察效果：我们班级最近 3 次活动，你只来参加了一次。

第四节　感受：感受对方是最高效的沟通

中国儿童心理教育专家孙瑞雪描述过发生在幼儿园里两个 4 岁儿童身上的一段成长插曲，但可以让我们惊讶地看到，清晰地表达感受在沟通中多么重要。

一个 4 岁男孩把脚搭在树干上系鞋带，树很细所以晃动，一个女孩跑过来生气地质问："你不知道树有生命吗？你伤害了树！"

男孩也生气了："我才没有伤害树！"说完这个男孩急哭了，然后跑开了。

幼儿园的教师听到孩子争吵，便过来看，由于这是一所主张爱与自由的幼儿园，教师都知道要给儿童情绪完整释放的过程，并帮助儿童认知自己的情绪，于是这位教师并没有给予孩子建议或说教，只是在一旁默默陪伴，直到这个男孩情绪平静。

男孩主动和女孩说话了："我刚才确实伤害了小树，但是你说话的态度也伤害了我。"

这时，女孩也理清了自己的内在感受，对男孩说："我刚才很着急，因为太生气了，我应该好好跟你说话。"

在一旁目睹了整个经过的教师和家长十分感慨，将这件事当作案例记录下来。这向我们展示儿童的内在有着天生领悟，他们天生要经历自然地处理自己情绪的过程，当没有成人或外界为他们反复叠加复杂的情绪时，儿童只是让情绪自然经过，便可直达内心的爱与真理。

婴儿从降生时起，便拥有丰富的原始情绪：恐惧、愤怒、急躁、高兴、惊讶、好奇……这些构成儿童发展中丰富多彩的情感世界，通过这些情绪的表达与流动，他们与这个世界及身边的人都拉近了距离。

我们在很多实际发生的事情中看到这个神奇的过程：第一次离开家来到幼儿园的孩子，哭喊着妈妈，直到妈妈离开视线，孩子依然哭泣，在哭泣中释放着自己恐惧，如果这时有一位教师可以在一旁陪伴，并不对孩子的哭泣批评或干预，孩子的恐惧在哭泣中逐渐释放完，之后哭泣转变为伤心地哭，对陌生环境的恐惧没有了，只剩下离开妈妈的伤心。就在他的哭声中，他发现世界离自己越来越近了，自己和别人的距离也近了，他回到了自己的感觉、自己所处的环境，心情开始平复，开始接纳当下的一切。

孩子的成长，是一个逐渐扩大的过程，他需要接纳更多的人、更大的世界、更多的变化。刚刚离开家，来到陌生的环境，见到陌生的人，孩子因此而恐惧，哭是一种生命自我保护的动能，而压抑哭泣是自我压抑防御机制。在哭泣的过程中，孩子借助自然的释放，恢复了正常的感觉、心理和认知，慢慢地接纳了新环境，接纳了新的人和情景。正是情绪帮助了孩子自然的过渡，接受了原本不可能接受的事。这是一个自然过程，一个转变过程，一个开拓过程。

在儿童的发展过程中，正是情绪平衡着这些变化，他的承受力、接受力、化解各种危机以及从各种压力冲击中复原的能力，都是由情绪的自然调节促成的。

我们都希望孩子长大以后的状态是，无论面对怎样的不被接纳、不被理解和纷争，都可以不受情绪困扰，找到解决之道，而他会因此发展出善待自己、善待他人的价值观。

而作为成人成长的经验，多数人觉得哭不好，哭是无能软弱的表现，男儿有泪不轻弹，哭不能解决问题。正是由于成人对“哭泣的”焦虑感和恐惧感，导致了我们不接纳儿童哭泣，不接纳儿童哭泣，我们便抑制了儿童天然的调节机制，让儿童无法获得成熟平衡的情绪发展，情绪是人类先天的自我调节功能。

儿童的情绪自我调节，是一个暗箱操作的过程，只要有成人耐心陪伴，给儿童时间和空间，让儿童与自己的情绪独处，随着他们自我调节过程的逐渐完整、熟练，他们的情绪成熟度发展的进程会越来越快。

有些父亲或母亲，他们自己的情绪体并未得到成熟的发展，自身就有很多无法理清的复杂情感，这些情感原本在童年时期可以完整地认清，但却错失了最佳的机会，即便是他在成年后遇到问题，也不能清楚明白究竟问题在哪里。当他们成为父母以后，很容易和年龄还小的孩子情绪共生，在孩子哭泣处理自身情绪的时候，家长在一旁与孩子一起或愤怒、或焦虑、或崩溃。

对于这样的父母，由于他们完全不能明白孩子成长的需要，儿童心理专家给出最好的建议如下。

▶请允许孩子拥有情绪！

▶不要启动自身发展不完善的情绪体质，试图去理解孩子们的情绪。孩子的情绪是孩子的，你的情绪是你自己的！

▶ 由于孩子天生弱小，成人在孩子面前是放松而不节制的，他们很容易不去控制自己波动的情绪。变化无常的情绪，极易让儿童产生不安全、恐惧、对抗、焦虑的情绪。希望成人和孩子一起成长起来，让自己的情绪发展更成熟！

▶ 成人在每个感受升起的时候，觉察自己的内在究竟发生了什么，恐惧、焦虑、担忧、自我怀疑等，这些与外在无关，是自己需要处理的内部状况。

▶ 去理解情绪发展的重要，并学会在陪伴孩子时，帮助孩子为情绪命名，就像告诉孩子"这是太阳，这是月亮"一样，帮助孩子说出他内在发生的情绪"害怕""生气""委屈""伤心""嫉妒"。

非暴力沟通的一条重要原则，便是体会和表达感受。能够体会到自己的内在状态，发生了什么样的起伏变化，是情绪发展成熟的表现，有很多成年人，在成长的过程中不断被鼓励压抑自己的情绪和感受，并被告知相信权威，做正确的事，我们的感受不重要。

许多人认为暴露自己的情感会显得自己软弱，让他人更加盛气凌人。还有一些人表示，很久没有感受到自己"有什么感受"，尤其是从事律师、工程师、警察、职业经理这样职业的人群，他们认为表达感受与自身的职业形象是冲突的，他们所在的行业里也没有这样的情感文化。因为不能表达感受，而导致的沟通受阻碍，进而引发的各种人与人关系的受阻，组织效能下降，这样的事情非常常见。

沟通专家分析人们在听到不中听的话时，我们自身的需求、期待以及对他人的看法，导致我们有不同的感受的反应。

人们听到不中听的话会有 4 种选择。

第一种：自己感到愧疚，自己做错了。当有人对我们说，因为我们做错什么事而指责我们的时候，我们会感到愧疚，自我贬低。这种感受对我们是没有益处的，它既不利于事情向好的方向发展，也不利于我们的身心健康与人际关系，它只会让我们更加受别人的情感操控，为了赢得他人的满意，而做我们并不愿意做的事情。

第二种：指责对方做错了。我们会反驳对方的做法，或者反驳他人对我们的指责。如果有人总是说我们不对，想要纠正我们，没有人会不生气。在争吵中，我们愤怒，让事情变得更加麻烦和复杂。

第三种：了解自己内在的感受。聆听自己，就像小孩子梳理情绪一样，我们可以看到自己的伤心、失望、愤怒等。在处理我们自己的情绪时，看见自己内在发生了什么，将会更快让我们从缠绕着的纠结中抽离出来。更直接面对我们的需求和期待。

第四种：用心体会他人的感受。如果我们能够体会到他人也有需求，有他们所害怕的、期待的，我们会停止互相指责，才可能达成互相理解，换位思考。

当我们只关注自身情感，忽略他人的情感，将自身的感受归咎于他人行为时，是在利用他人的内疚感，我们逃避自己的责任。

例如，我们对孩子说：“你考试考得这样的成绩，我很伤心。” 这是我们将自己的情绪归咎于了他人，通过让孩子感觉到内疚，去控制孩子的行为。那么孩子下一次想要取得很好成绩的动力，是因为内疚，不想让父母伤心而自己感到负罪感才去学习，并不是出于自己想要获得自我成就。这种归因，对于孩子的成长是不利的。

更好的表达方式，不是将自己的感受和他人的行为联系起来，而是将自己的感受、需求和期待与他人的自身利益联系起来，感受他人的状态，为别人着想。

比较下面的说法有什么不同。

（1）只提及相关事项：看到报告我真是很生气。

表达期待：看到这报告让我生气，因为我很在意公司的形象。

（2）只提及他人行为：你考得这个分数真让人生气。

表达期待：我感觉到很伤心，因为妈妈真的很希望你能发挥出自己的潜能，拥有更好的未来。

（3）指责他人：老师又压堂真让我生气。

表达需求：老师又压堂我真是太生气，因为我着急赶火车去看我生病的妹妹。

人们不善于明确表达自己的需求和期待，总是以批评、反击的形式暗暗地表达，我们总是注重于批评别人做错了什么，将我们的期待强加于别人，希望他人理所应当就明白我们的需求。如果别人不能明白，我们就用各种批评去指责他们，“不负责任”“冷漠自私”。人们不愿意“示弱”，但非暴力沟通专家却告诉人们：当我们“示弱”，你会发现一切沟通都变得更加简单。一旦我们愿意坦言“自己的需求”，就很有可能找到解决之道，满足双方的需要。

第五节　倾听自己：助人者先自助

生存是婴儿的潜在本能，为了保证自己的生存，他们需要非常敏感地感知周围的环境，这种敏感度是他们维持生存所必要的保护。在最开始，他们会很大限度地与环境共生，与母亲、父亲的情绪共生。在他们长大的过程里，一边从共生的情绪中剥离出来，一边努力维持着情绪认知的敏锐。

儿童心理教育专家孙瑞雪认为儿童生长的外部环境和条件只能依靠成人的创造，儿童唯一能创造的就是自己的内在。他们的情绪、认知、心理，都是全方位开放的，他们接纳身边的一切人和事，他们与生长的环境和人成为一体。他们接纳养育者的一切，只是有时是痛苦的接纳，有时是快乐的接纳。痛苦对于儿童并不可怕，痛苦是成长的契机，儿童通过调节情绪、心理、认知来自我平衡，他们可以大哭，也可以有父母爱的抚慰，但如果他们被强制、被指责、被责骂，却感受不到爱、支持的时候，他们就会有创伤。这种创伤所带来的问题是，儿童会逃避真正有利于自己的，本属于自我天性的探索。

在关于自我需求的表达方面，心理教育专家记述了这样一个经历。

孩子跑向正在工作的妈妈，坐在妈妈的腿上，要求妈妈陪她画画。妈妈陪着孩子画了一会儿，因为着急完成手头的工作，对孩子说："你去找阿姨陪你玩，带你去院子里看花好不好，今天外面天气多好啊。"

孩子不同意，还缠着妈妈陪她画画，妈妈陪孩子又画了一页，说："快去院子里玩吧，阿姨带着你的小桶一起去，院里还能挖沙子。"

孩子说："我不要，我还要再画。"

妈妈说："那我们画最后一页。" 于是妈妈陪孩子又画了一页。

孩子说："这个没画好，再画一页吧。"

妈妈这下开始生气了……

心理学家描述着这样一个典型的经历，很多孩子都可以感知到家长的心理状态，是真真切切地陪伴着自己，还是人在身边心在天边。孩子对成人的情感、心理、思绪的感知，远远超过我们可以在思维上理解的。

这个孩子在这个时候的心理需求是"请好好关注我，我要和妈妈在一起"。但是这位妈妈却一直没有给予一个真正的关注，她的心理活动是："快一点儿离开，不要打扰我工作，我现在的心思根本不在孩子身上。我一直忍耐着怒火，什么时候能去找阿姨，让我赶快清净，把工作做完！"

孩子非常清楚，妈妈想用另一种方式吸引她离开，她很想要妈妈的爱，又能感受到妈妈焦虑、急躁的心情。她和妈妈是共生的，所以孩子就一遍一遍地要求妈妈陪她画画，孩子的内心活动是："我就是不想走，我看你要怎么办？"

其实，向孩子表达真实的状态、自己的需求，是更可以让孩子接纳的。即便孩子可能哭着离开，这也是更好的方式。成人无法描述出这种状态下自己心里的真实需求，她可能并不能第一时间认出自己的无意识活动，这会让孩子在感受和认知上同时与成人一起纠缠起来，他们感受不到真实的爱（妈妈莫不如真真切切地陪伴孩子，或者诚恳地说出自己的状态），还会产生错误的认知（妈妈哄骗我，妈妈不认真陪伴我）。

对于很小的孩子，他们是容易区分这种感受、心理、情绪的活动的，但是随着时间久了而经常发生，他们就会产生错乱，他们越来越无法清晰地辨认出心理的需求和头脑层面的认知。这会让孩子的天然完整性被破坏与分裂。

心理学家提出，在儿童早期，需要宽松的时间和空间，由儿童自己整合自己的情绪、精神、心理，经由这一缓慢而全方位的整合过程，儿童才可以成为自己心理、情绪的主人。

成人有时太过于心急，却不知道孩子的成长需要缓慢，这个缓慢并不是真正的缓慢，这个过程像一个暗箱操作，它可以完成神奇的转换。

儿童心理学家描述了这样一个发生在父子之间的经历。

一位父亲在街边给儿子买了一个刚烤好的红薯，儿子用稚嫩的小手给红薯扒皮，但是做不好，急哭了。这位父亲可能在小的时候，没有获得过“缓慢完整成长”的机会，在他看到儿子很费时费力地剥红薯皮的时候，在一旁开始恼火。他不成熟的情绪体验在这时启动了，一把夺过孩子手里的红薯，替孩子剥起来，“怎么这么笨，我来给你剥！” 孩子听到父亲的责备，还没有释放完的情绪又叠加上父亲的责备，更加混乱了。

儿童在生命最初的几年，不断地通过感觉来发现世界，将外在的环境内化为自己的生命，这个转换的过程由最初的简单的感受，到后面更高级、更复杂的感受，这个过程究竟是几个月、几年，究竟需要多久时间，是由每个个体自己来完成。儿童和成人的成长是很相似的，他们都需要时间。成人帮助孩子创造出这样的时间、独处空间，来进行情绪、感受、心理需求的自我认知、自我创造是非常重要的。在这个层面上，儿童用 3 年时间所获得的成长，成人可能需要 30 年。

非暴力沟通的其中一个重要的要素，便是关注自我需求，但是很可惜，很多人的成长不具备自我认知的完整过程，对于自我需求的认知是混乱、无序、不明确的。但是，成人依然可以获得成长。这个成长的过程较儿童的成长，显得更加漫长而痛苦，它一般要经历 3 个阶段。

第一个阶段，被心理学家称为“情感的囚徒”。这个阶段里我们认为自己要为他人的快乐负责，别人不高兴，自己会不安，总觉得自己要对别人的快乐负责，讨好别人，牺牲自己，掏空自己去交换别人的喜爱。这并不是真的爱，这背后同样隐藏着操纵、索取、控制。这样的关系不是完整的关系，而且无法继续。

第二个阶段，被心理学家称为“愤怒的失败者”。处于这个阶段的人，经历了关系的失败和创伤，认识到自己的牺牲代价很大，想到自己曾经受到的苦，心中含有对自己的埋怨，看到其他人受苦时还会觉得无动于衷，但是我们不能责备他们，因为受伤的心已经不堪重负。让自己委曲求全不是一个好的策略，真诚面对自己，可以做什么就做什么，做不到就真诚待人，反而更好。

第三个阶段，被心理学家称为“自己人生的主人”。人们互助、自助、助人，这是出于爱和自己的意愿。自助与利他为我们带来快乐。这时，我们意识到，每个人首先为自己负责，我们不能把别人的责任背在自己的身上，每个人都有自己的路要走。而同时，每个人是相互依赖、相互共生的，万物原本是同源一体，助人也是助己。

这 3 个阶段是成人经历成长蜕变的过程，到达第三个阶段，便可以理解非暴力沟通真正的内涵，我们清楚地认识自己、表达自己；同时，我们可以感受别人，为他人着想，让他人也感受到美好。

第六节　需求：学会提出明确的请求

在沟通的时候，明确地说出具体的请求是有效的方式。我们首先要明确自己究竟需要什么，在自己都不确定自己具体需求的时候，更不用指望别人能明白了。我们需要清晰的表达，否则对方会感到困惑。

有一位女士，她总是抱怨她的丈夫工作时间太长，于是她对丈夫提出这样的请求“希望你别花那么多时间在工作上”。这样的请求说过了几次，但是仍然没有效果，因为她没有说清楚她的具体请求是什么。在沟通专家的建议下，她换了一种方式，她对丈夫说：“你是否可以每周在家 3 天时间，可以和孩子们一起吃晚饭？”这一次她的请求奏效了。

还有一所学校，教师们普遍反映这所学校的校长在开会时说话方式让他们很不舒服，他们希望校长以后“不要什么话都说”。在提出匿名建议以后，校长很困惑，因为“不要什么话都说”这种建议实在太抽象了，他不能理解教师们的真实想法。在这种情况下，沟通专家也给出了建议，他对教师们说，给他人提建议的时候，尽量直接说出你们具体希望，希望做什么。而不是说希望他人不要做什么。教师们通过书面信表达请求，列出了具体有哪些语句，应该改为什么样的语言，例如，将“你们这帮人”换成“× × 教师”。校长看过了教师的书面信件后，同意了全部建议。

在我们用很抽象的语言表达请求的时候，也代表我们对自己的真正需求思考的还不够深入。如果能讲明白具体的请求，将清楚地显示我们内心的动机。

有一位父亲，他与青春期的儿子在沟通上有很多冲突。儿子认为父亲强迫他做很多事，于是开始对父亲的各种建议非常抵触。父亲向非暴力沟通专家求助，专家问他："你对儿子提出的请求是什么？"这位父亲说："我请求他更加负责任。"专家问他能不能将这个请求更加具体，父亲希望儿子做什么事情。这位父亲想了想说："我希望他能听我的意见，按我说的做，不要一意孤行，负起责任。"在表达出具体的请求以后，这位父亲明白了，他的请求还是想让儿子按他说的做，并不是让儿子负起责任，这是两码事。

这就是我们常常在生活中遇见的情况，我们说的和想的是两码事。将我们的请求尽量具体地表达出来，我们就可以对自己内在动机有更清楚的了解，也可以让他人更容易明白。

如果我们的内在动机是想控制他人、改变他人、操控他人为我们自己的利益而服务时，我们所说的不是请求，而是"命令"，即便它的语句，听上去是一个请求，它也不会奏效。非暴力沟通的目的，是因为我们有这样的一颗心，我们愿意聆听自己和他人的需求，我们愿意真切地考虑对方感受，乐意联结，让沟通对我们都有益处。

区分"请求"和"命令"的最重要区别在于，别人如果不答应我们的情况下，我们不会去责备、埋怨，或者利用内疚控制别人，命令是强人所难的。尤其是，如果我们平时的说话习惯就经常责备他人，当我们真正提出请求的时候，也常常会被当作“命令”。

一位阿姨学习了“非暴力沟通”的方法后，运用表达感受、请求的语句向家人提出：“我感觉很忙，请帮我一起打扫房间。”但是她遭到了拒绝，然后她立马恢复以前的语言习惯，开始责备家人：“像你们这样没有责任感的人，是不会有什么前途的！”家人已经习惯了她常常责备别人，这种听上去表达“请求”的句子，实际上仍然是强人所难、想要控制他人的“命令”。只有当我们真实、清楚地表达出，我们不会强人所难，即使不答应我们的请求，也不会责备我们的时候，我们提出才是一个“请求”。

非暴力沟通专家提醒我们：非暴力沟通的方式，不是为了利用情感操控别人，那样是无效的。如果你要用它，那么你要有这样的目的，你对自己的感受真实，你重视他人的感受，它帮助我们诚实地表达、沟通、倾听和与人联结。

第七节　倾听对方：倾听和反馈是给他人最大的支持

非暴力沟通专家认为沟通中第四个重要的要素是倾听。用全身心去倾听，才会有发现。不带偏见成见，只是感受、观察，体会双方的需求。倾听，所带来的发现有时是奇迹。

有一个3岁的小女孩因为把肉卡进牙缝里，惊恐地哭泣，教师专注地帮她用棉签清理。园长刚好经过，听到了孩子的哭声，便来到孩子身边，她问教师发生了什么事，教师回答："肉卡在了牙缝里，但是没找到牙签。"

孩子眼泪哗哗地流着，园长蹲在孩子身边感受着，停顿了一会儿，园长说："肉卡在牙缝里了，没有受伤，也不会有危险。"

孩子听了以后继续大哭，但是身体放松了一些。园长继续感受着孩子："肉卡在牙缝里了，有异样的感觉，所以害怕了。"

孩子继续哭，但是没有了惊恐。园长继续感受着孩子："肉卡在牙缝里了，你没有受伤，但是吓了你一大跳。"

孩子继续哭，张着嘴期待着，这时教师终于帮孩子把肉剔出来了。孩子开心地跑出教室，惊喜地大喊"肉卡在牙缝里了"，她欣喜地与其他孩子去分享这个经历。

孩子因为牙齿里有异物这种奇特的感觉产生了恐惧，她难以承受所以用哭表达出来，在这个过程中，一直受到园长在感觉、情绪、心理上的支持，如果没有情绪流动的支持，孩子的心理活动不会显化出来，也就不会被接纳，只有情绪流动的支持，才可能接纳这个心理过程，最后上升到认知。孩子经历了完整的从惊恐到平静的过程，在认知上也有了清晰的判断，成长就是这样发生的。

全身心地倾听一个人非常难做到。有些人认为自己能做到，但是其实绝大部分的人都不具备全身心倾听他人的能力。当别人遭遇痛苦、困惑的时候，我们常常的做法是赶快给出我们的建议、表达我们的态度。但是，我们做不到好好倾听，有时是没有耐心，有时是因为害怕，因为我们在意的人痛苦让我们感觉难受，心理学称这种情况为“同情崩溃”。有时我们只想尽快结束这种谈话，所以总是急于给出解决之道。

倾听意味着全身心地感受，让情绪流动，怨恨、痛苦、绝望、纠结、害怕……我们允许对方的情绪流淌，就像前面说的那个幼儿园的孩子一样，允许并支持情绪的流动，我们要做的，只是让他人充分地表达“痛苦”，当这个过程获得完整的释放，他们自己会更清晰。

非暴力沟通专家给出了一些例子，来说明有哪些行为妨碍了我们全身心地倾听。

- 建议：你应该……
- 比较：你这不算什么，我当年经历了……
- 说教：你这样做，你会得到……
- 安慰：这不怪你，你已经尽力了。
- 回忆：你说的这个，让我想起了……
- 否定：振作点，高兴起来！

- 同情：唉……你真是好委屈。
- 询问：这是怎么发生的？
- 辩解：我想早点联系你的……
- 纠正：事情不是这样……

看到这样的清单，我们可能会想，如果以上都不能讲，那就没办法安慰人了，我们确实想要帮忙、分析，找到解决之道，但是在他人遭遇痛苦的时候，肯定有很多办法已经想过了很多遍了，他们不需要有人帮他们分析、比较、回到过去，或是快速找到解决之道。他们最需要的是理解。倾听这一品质所体现的是理解与安慰之间的区别。

有一位女士，她经常去医院做义工，陪伴护理，她为此专门参加了非暴力沟通的培训，在一次志愿者陪护日时，见到一位护士请她帮忙与一位老太太谈话，这位老太太不肯吃药，对护士们说，她已经不想活了。这位女士来到老太太的病房，果然看到这位病重的老太太在喃喃自语地说："我不想活了。"她坐下来认真感受，询问她："你的意思是已经不想活了吗？"这位老太太很惊讶，有人愿意听她的理由，便感到轻松了很多，于是她开始讲述自己的遭遇和处境有多么困难，她的病有多么痛苦。这位女士并没有安慰，只是全身心地倾听，继续表示理解，支持老太太将她的压力与恐惧情绪流露出来。当天晚上，这位老太太开始听护士的话吃药，情绪明显平静。尽管医护人员一直给予她安慰，但是这位女士提供给了她最需要的东西——有人理解她深深的绝望。

有一位父亲，描述了他青春期的女儿希望有人倾听的经历，有一天早上，女儿对着镜子说："我真是丑的像猪。"这位有爱的父亲在一旁听到，赶忙跑来安慰，"宝贝你非常漂亮！"却没有想到，女儿更不开心了，转身摔门走了。这位父亲的安慰很不是时候，那一刻他的女儿可能只是想分享一种感受，父亲应该去倾听女儿究竟有什么样的感受，而不是急于给出安慰。如果这时父亲愿意停顿一下，去感受女儿，就可能让倾听和情感流动发生。

除了全身心倾听，这位父亲还需要一个技巧：反馈。对想要被倾听的人来说，我们给予全身心地倾听，并给予反馈是很重要。非暴力沟通专家建议，我们最好以提问的方式，给予反馈。我们用提问的方式给予反馈，就是表明我们在努力理解对方想表达的情绪、感受。

我们通常可以集中于对方感受、需要、请求上的理解提问，例如下面这样的方式。

- 你的意思是你不想吃药，你很灰心吗？
- 你是不是想让我帮你做点儿什么？
- 你是觉得你对自己今天的形象很不满意吗？
- 你感觉到很气愤，是因为那件事吗？

当我们用我们的理解，给予对方反馈时，我们的语气很重要。在倾听的过程中，最重要的是传达理解和支持他人讲出自己的感受。最好不要在语气中含有嘲讽、批评、比较，而如果我们的语气很肯定，仿佛为对方的内心世界做宣言，那对方也不会有好的反应。我们需要保持持续的关注、关注对方的感受，所有不合时宜的嘲讽、批评、比较也会自然而然地消失。时刻记得，倾听的目的是因为我们关心他人，想要加深我们的联系。

无论是我们的孩子、朋友、父母、同事还是陌生人，当我们愿意去理解他人的感受，愿意加深联结，并用倾听这种方式去理解支持他们时，我们自身也会收获很多回馈，人与人的关系的品质，因此变得非常不同，我们更可能体会到慈悲、爱、谅解、宽恕，以及因为互谅而获得的满足与喜悦。

第八节　感激的力量：充分地表达感激活在更多的恩典里

懂得感恩的人，获得更多，不懂得感恩的人，连他仅有的也夺走。世界各国的文化都鼓励感恩、鼓励人们表达感激。

有一位作者朗达·拜恩，专门写了一本书，全书的内容就是教人们各种感恩的方法，很多人都表示，在生活中按照那些感恩练习实施之后，他们的生活都感受到了巨大的积极转变。感恩具有神奇的魔力，每个人都有表达感激、被感激的需求。

朗达·拜恩在她的《魔力》书中介绍了 28 天感恩的练习，包括：

▶ 想一想自己生命中的恩德，并写下值得感恩的理由。

▶ 回忆这一天所发生的美好的事情。

▶ 选择 3 个自己的亲密关系，写下要感激每个人的 5 件事。

▶ 感恩自己的健康，仍然存活于世的感激。

▶ 在工作的时候，记录值得感激的事情。

▶ 找到自己最想解决的困境，列出在这个困境中，最值得感激的 10 件事。

▶ 在吃东西、喝水的时候，感激食物和水。

▶ 清晨醒来的第一件事，说谢谢，在整理好物品离开家门的时间里，感谢每一件你使用的物品。

▶列出自己最想得到圆满结果的事，想象圆满的感受、感恩。

▶停下来感受呼吸空气，充满感激的呼吸。

▶选择 3 个你关心的人，想象他们帮助你摆脱困境，对此充满感激。

▶对着镜子中的自己，表达感激。

当人们按照书中给出的练习在生活中实践时，会发现很小的善举可以带来无限巨大的涟漪。很多时候，人们感受消极与负面，只是因为缺少爱，当我们把美好、感激挂在嘴边，即使是很小的事也可以感受到喜悦时，生活会变得无限美好。工作让人兴奋，人际关系让人愉悦，所有的挑战和困难都变得更具有意义。每一件事的发生，都可以有负面的解释和正面的解释，我们具有这种选择的权利。

在生活中，将感恩作为一种能力、习惯，人生会变得非常不同。

在沟通中，充分地表达感激是非常重要的。我们有时不能默默地在心中感激，还应该用语言向别人表达出来。

有一位作家在他的《爱的秘密》书中写道，他非常爱他的父亲，但是父亲活着的时候他从来没有好好地对父亲说过感激的话，这让他非常伤心。有多少人有过这样的遗憾，多少人于此共鸣。充分地向那些你感谢的人表达感激，不要留有遗憾。在生活中，拥有感恩的心，对这个世界的万事万物，充满饱满的热情与爱，使用积极的沟通方式，会体验到更多的幸福、美好。

第九章
个体与社会

第一节　价值观："多元价值观"与"核心价值观"都要具备

很多领域都注重价值观的研究，无论是生物学、经济学、社会学还是政治学，心理学的价值观比较难以定义，这需要通过广泛的调查，询问人们什么是你觉得有价值的，在大量的回答中发现，那些普遍受到人们尊敬的意义可以代表价值。

显然，不同的人会有不同的答案，但是那些人们认为值得尊敬的比较普遍的特点，可以代表价值的主题有这些。

▶成就	▶宗教信仰	▶友善
▶诚实	▶社会技能	▶外表威严
▶智慧	▶创造性	▶自我控制
▶忠诚	▶独立	▶地位

这些是一部分的价值，不代表全部。社会中大多数人的价值是积极的，因此大家拥有不同的价值观是很平常的事，没有好与坏之分，只是不同而已。每个人也都拥有很多的价值观，多种价值观构成了我们的价值体系。

哈佛大学心理学家奥尔伯特与他的同事们为价值观分类，总结出 6 种基本的价值观类型。

▶理论型：注重事实及对事实的揭示。

- 经济型：注重实用、有价的事物。
- 艺术型：注重美的、创造性的、和谐的事物。
- 政治型：注重权力、地位、影响、名望。
- 社会型：注重他人、利他的价值。
- 宗教型：注重超越、无限、与宇宙万物合一。

这6种类型价值观可以概括大部分我们所见的职业价值倾向：经济学家和企业家注重经济利益、产品的实用性；艺术家毕生追求美与创造美；政治家追求声望与影响力，这样带给他们权力和改变社会的可能；社会工作者致力于尊重他人的需求，改善整个社会利他主义的生存环境；科学家用无数实验、计算来证实他们关于世界究竟是怎样的猜想。绝大多数人都可以定义自己的职业价值取向，我们和这些价值的联系越紧密，我们的行为就与这些价值更加统一、一致。

另一种价值分类方法，是根据马斯洛的人类动机需要的层次反映出来，马斯洛的需要层次主要区分为生存需要、安全需要和自我实现的需要。在追求这些需要时，也体现人们的价值观，也就是满足生理和心理安全感的存活价值，追求自我实现的自我表现价值。心理学家发现，很多国家和地区的人，随着时间与社会的发展，人们的价值观都从存活价值逐渐开始向自我表现价值演变。

这些价值种类都被绝大多数人认可。还有一种有趣的新分类方法，将价值观分为物质富足价值和时间富足价值，这种新兴的价值认为：生命中有足够的时间让人们想做什么就做什么，这就代表一种富足。

我们经常听到有很多人说自己有很多梦想，但是无法实现，因为没有时间或者没有钱，我们用大量的时间在获得生存的物质条件。有一位女士，她有个梦想是走遍地球上所有神秘的古代文明遗址，她没有足够的钱，但是不想再等待“某日的到来”。于是，她给每一家航空公司写了一封信，她说她很擅长拍照片，她可以为航空公司拍摄古代文明遗址的照片，这些照片可以用作航空公司的宣传图册，作为回报，她请求航空公司为她提供免费的机票。她很快收到了航空公司的回复，航空公司不仅为她提供了免费机票，还为她提供了免费的酒店住宿，她用一年的时间，走遍了世界各地的古代文明遗址，拍摄了许多美丽的照片，在完成所有计划中的拍摄后，还得到了一笔报酬。

这位女士神奇而有趣的经历，向我们证明，不需要先赚到足够的钱，甚至连实现梦想的时间都是由“自己创造的”，也可以想做什么就做什么。这种认为在自己的生命中有足够的时间、足够的能力、足够的资源、想做什么就做什么的价值观，就是富足的价值。这是最新兴的价值观。

这种时间富足价值观，比物质富足价值观，在预测人的身心健康状态时效果更好。这种价值观认为，正因为我们社会中存在多样的价值观，能够支持我们实现各种愿望，创造的资源是以多种形式存在的，并不一定只是物质或实物的形式，人生完全可以用另外一种价值观来表达。随着社会的不断发展，新型价值观在不断形成。

处于同一个集体的人，会表现出同样的价值观，从学生们加入同一个兴趣小组，企业人才选择在同一家公司里服务，到志愿者加入了同一个支援受灾地区的慈善组织。集体价值观有时可以代表个人发出公开声明，比如，学生在运动会时，以班级为单位喊出的口号，代表这个班级里每个人都认同的一种精神，“进取”“勤奋”“团结”或“友爱”。比如，一座城市的代表性标语，“大美桂林”“美德、自由、独立”的宾夕法尼亚州。集体价值观有时也可以团结集体成员，一致对外，共同对抗外部“敌人”。

大多数人都对自己所属的集体表达忠诚，因此当有矛盾或冲突发生的时候，那些以忠诚为价值观的人可能会选择以忠于集体来解决冲突。而另一群有其他价值观的人会做出另一种选择，比如，选择诚实来解决冲突，就像寓言故事《皇帝的新装》里讲出真相的小孩，或者成语里的大义灭亲，个人价值观此时高于集体价值观。

因此，任何一种情况，都不代表其他的价值观不重要，只是在一些时刻，有些价值观比其他价值观更重要一些。

人生中很多的选择，其实都是我们价值观的天平，那些让人挣扎的时刻，就在考验我们，究竟忠诚、自由、健康、钱、亲情、友情哪一个更重要。

一位心理治疗师做过一项测试，测试是对测试者没有完成的愿望的调查，调查结果发现很多人的价值体系中，会有自相矛盾之处，他询问一位测试者有什么愿望，这位测试者说他的愿望是想要收入稳定，这位测试者想要追求财务上的自由，同时又因为缺乏安全感想获得稳定，自由与稳定是两个冲突的价值观，若想真的实现愿望，则需要调和这两种价值，在其中需要相信自己有能力，拿回自己的决定权，否则这两种冲突的价值观，会在很多方面阻碍自己实现自己的价值和愿望，心理治疗师建议这位测试者，他需要解决关于现实“不稳定”的不安全感，才有可能接纳那些“不稳定”的资源和机会所带来的收入，否则要么是无法获得他想追求的结果，要么是无论他的收入如何，都无法拥有安全感。

这种价值体系之间的矛盾引起心理学家的关注，心理学家斯瓦兹创建了一个价值环丛模型，用来描述我们价值体系间的这种矛盾。

斯瓦兹首先受到他的同行凯瑟的启发，凯瑟发现唯物主义者往往不快乐，幸福感很低，可能是因为在其不断追求物质时，降低了生活满意度，也可能还是因为在他的人生中缺少利他主义的行为，因而体验不到更高的人际关系或是精神上的满足感。

斯瓦兹因此发现价值之间有相似度，也有不相似度，他和同事开始整理来自 70 多个国家人们的主要价值观，然后依据这些价值观的相似度和不相似度，按程度来分级，他们有了重要发现，这些价值观的确会有矛盾之处。

首先让我们看看全世界范围内的 10 种主要价值观。

▶ 成就：在社会标准一致的前提下，通过自身能力展现而获得的个人成功。

▶ 力量：以更高的社会地位、名望获得优越性、权力和对其他方面的控制。

▶ 安全：社会安定、秩序稳定、法律公正。

▶ 享乐：个人生活满意度，美食、休闲、娱乐。

▶ 传统：尊重和接受所处文化、种族及宗教的传统、习俗、信仰、习惯。

▶ 遵从：不做违反社会秩序、法律、社会期望的行为。

▶ 刺激：生活中的各种挑战、变化、多样性、带来兴奋感觉的活动、新生事物。

▶ 普遍性：对全人类、大自然的维护，和平、公正、环保。

▶ 善心：与个人直接相关的人际关系，家人、朋友、同事，保护并提高他人利益。

▶ 自我指导：独立与自由的意识和行为。

这 10 种主要价值观，根据相似度与不相似度，放入价值环丛模型，在圆环中相邻的两种价值观是最相近的，比如力量和成就，这两种价值观常常共同存在，同一个人很可能同时拥有这两种价值观。传统和安全，也是相近的两种价值观，也常常在同一个人的身上见到这两种特质。而圆环中，处于相对位置的两种价值观，通常是矛盾、对立的，往往不会在一个人的身上同时共存，比如刺激和传统，对于一个喜爱传统的人，他可能不会觉得刺激和兴奋不好，但是在他的身上，他可能更偏好去选择传统，而不是刺激。

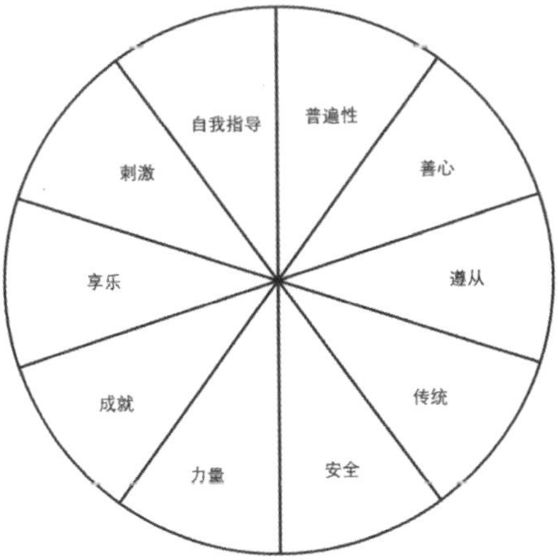

这个价值环丛模型解释了我们前面所说的那个问题，我们在人生中的很多时刻，都是在通过价值观做选择，这些选择围绕着自己还是他人，个人主义还是集体主义，保守还是开放，稳定还是开创，个人特权还是大众人权。所有的选择，都被我们放在价值的天平上称重，我们选择更重一些的那一个。

为什么会有这样的新闻，“留美博士回国种有机蔬菜”“高校学子毕业卖猪肉”“收入普通的工人退休后被发现在20年里资助了300多名贫困学生”“激进人权主义者在政治会议期间避免入住豪华酒店”，现在我们可以很容易理解了。

写到这里，很多人也包括我自己，都很想知道，我们如何明确哪一个价值对我而言最重要，如果很多价值对我来说都很重要，我要如何做出我的人生选择？我想找到一个最优选择，要如何才能做到呢？

斯瓦兹以生活中买东西为例，向我们给出了他的建议，这需要一种平衡和智慧。

有时我们需要学会知足常乐，有时我们必须认真评估并做出最好的选择。一个完全的最佳选择者活得很累，一个懂得知足常乐的人会有更高的生活满足感。但是当我们为孩子准备升学考试选择学校、为生病的孩子选择医院和医生时，我们一定都会认真评估，寻找可选范围里的最优选择。但在我们日常生活中，并不会在买西红柿的时候，花费30分钟挑拣出长相最优的西红柿。这便是心理学家的建议。简而言之，懂得选择时机和方式是最重要的。

在最后，如果你有选择困难，不妨在生活中运用心理学家的建议试试看。

▶ 减少你的可选项，会减少很多痛苦，两三个选择已经很多了。

▶ 买东西时逛不超过两家商店，并要求自己在 15 分钟内决定购买任何 50 元以下的商品。

▶ 给自己设定一个条件，如只买白色物品。

▶ 不更改，不回头原则，已经决定就不要再推翻自己的结论，避免后悔折磨自己，浪费时间。

▶ 对自己的选择，表达感谢，想出 3 条优点，让自己满意。

▶ 识别出自己在哪些消费领域的选择，会经历选择困难，那么请参照以上的建议。

▶ 如果你总想要做出最佳选择，那么也试试这条：马上做决策！

第二节　利他：有一千条理由培养孩子的助人精神

从远古时代，人类便懂得与人结伴，人类文明的早期就开始组建家庭，然后组建群落，家庭中夫妻的共同协助可以让一代代生命得以延续，群落中的协助让人们对抗危险时更有效率地狩猎、生产。换句话说，是爱创造了一切，关系也创造了一切。

有一个重要的信条“爱你的邻居”，现代科学家已经从生物学、心理学和社会学的角度，证明这一个信条的科学性。但仍然有一些被宠坏的孩子或者自私自利的个体会问：为什么要爱我的邻居？通常讲出这样话的人，也会在自身生活遭遇更多困境，还可能为他人带来伤害。

大多数的父母都希望自己的孩子可以具有利他品格。心理学家将利他主义定义为任何使他人获益的行为，包括救死扶伤、合作，甚至只是说句好话恭维他人，让他人获得好心情。

心理学家在研究利他主义的发展趋势时，发现儿童在学步期就开始展露对同伴的同情心，但是整体上看，学步期的儿童还不会自发地采取利他行为。只有在成人教育孩子要考虑他人时，一个孩子才可能有这样的行为，例如，将自己的玩具分享给其他的小朋友。

但是在全社会范围看，随着孩子们进入小学，他们的分享、助人的亲社会行为会越来越普遍。到了中学时期，如果为了追求个人利益而无视他人困境，孩子们甚至会因此而看低自己。可以看到，大多数的孩子在利他主义的亲社会性方面是呈现上升发展趋势的。

在许多研究中发现，如果一个孩子在四五岁时表现出较多的亲社会行为，在他进入青春期、成年早期时，也会乐于助人，替他人着想。

孩子的利他主义发展，受到他所处的文化、社会以及父母的教育影响。在一项跨文化研究中发现，亚洲社会的儿童比西方工业社会的儿童更有利他主义精神。西方个人主义社会强调竞争和实现个人目标，自我牺牲精神不是主要应尽的义务，而具有集体主义精神社会中的儿童，所受到的教育与西方社会不同，会为了集体利益与他人合作。

如果父母是高度利他的人，儿童也更可能有利他的发展趋势。高度利他的父母，会主动身体力行地参与志愿者服务的活动，帮助他人，而且在生活中更具有同情心，他们很少采用惩罚的方式教育孩子，即使在孩子犯错误的情况下，也更愿意采用情感解释的方式，并督促孩子对受害者做出安慰或帮助，在这一过程中父母所体现出来的同情心，会对孩子产生潜移默化的影响。

韩国全惠星博士有 6 个子女都毕业于哈佛大学或耶鲁大学。全惠星夫妇也是具有奉献利他精神的人，他们致力于推动文化的交流，积极参与志愿者活动，为多个领域筹集慈善资金，他们不仅引导孩子关怀社会和他人，还以自身的行为向孩子做出示范。他们会开家庭会议，让孩子们讨论，在众多慈善项目中，哪一项最具有意义，将有限的资金投入那里。他们鼓励孩子帮助其他的同学，不只是自顾自地学习竞争。孩子们被塑造了良好学习习惯、乐于助人的品性，以及助人利他的行为习惯，他们成长为服务于公共卫生、法律和教育领域杰出人物。

在自然界，人类与其他动物不同，人类一出生就需要其他人的照顾，这便赋予了人类生存发展所必需的精神：合作。不懂得合作、利他的人，注定在这广泛的自然法则里，感觉到孤独、无助。人类所有创造、成功、价值的体现，也都有一个根基，这个根基就是合作精神。我们努力追求的、成长、理想、梦想、我们的活动、性格特征，都是为了这个最终的目的：整个人类之间的合作。一个自私自利的人，无法做到利他、合作的人，注定感受到失败、缺失。

哈里王子从一出生就被世界所瞩目，从年少时母亲戴安娜王妃死于车祸，他从伊顿公学毕业，参军接受艰苦训练，到从战场返回后酗酒和暴露出各种行为不端的问题。媒体像一个显微镜一样，没有放过他的所有成绩和失败，许多杂志、普通民众都看得出他是在成长过程中充满矛盾与冲突的孩子，他有着想要自我超越、自我实现的意念，却总是有些障碍让他无法向前。也许我们羡慕他是王子，但他可能也同样体验着普通人所言的“命运”捉弄，一出生就是次子注定他无法继承王位，他需要走出一条自己的路，他努力学习，认真参加军事训练，很担心别人因为他的王室身份而认为他没有真实能力，可他还是因为王室身份，没有办法如愿奔赴战场，这让他灰心，找不到自我实现的途径，甚至一度表现出行为不端。但是后来，哈里王子找到了真正获得价值的途径——帮助弱势群体。他致力于帮助弱势群体，为他们争取关注和权益，从非洲儿童、伤残军人到单亲家庭，他不断地全力支持他们。在帮助他人的过程中，他也帮助自己从失意与困惑中走出来，他找到了热情与力量，实现了自己的价值。

第三节　社会兴趣：幸福要有好的人际关系

在积极心理学家研究幸福内涵的时候，发现了幸福有 4 个象限：享乐的愉悦感、挑战的酣畅感、利他的幸福感和成功的自我成就感。一个人在这 4 个象限里的每一个方面，做得如何，共同组成了一个人饱满的幸福状态。

心理学家的研究表明，单纯的愉悦感并不像幸福主义那样带来长期的快乐幸福。这里所说的幸福主义，便是遵循内心，利用自身的价值和能力去追求更美好的东西——包括别人乃至整个人类的福祉。对于一个充实的幸福人生，享乐和幸福主义两种态度都是必不可少。

根据心理学家的定义，幸福就是追求那些世界上真正存在的有价值的东西：免予疾病、物质享受、职业、友情、抚养儿女、教育、知识。这些是普遍共识，生活中绝大多数人都在追求这些有价值、有意义的事物。我们一生为这些有意义的事而努力，这就是幸福主义。针对幸福的研究因此得出了一个结论：绝大多数人都是幸福的。无论他是一个亿万富翁，还是一个农民。由此，引发了心理学关于主观幸福感的讨论。

这项研究将幸福感与生活中的各项满意度相关的变量都做了比较，得出了一个重要的结论：年龄、性别、教育程度、收入、生活环境虽然也和幸福相关，但是相关性较低，也就是说所有人都可以幸福。那么，决定人们幸福感最重要的两个变量是社会关系和人格特质。

社会或人际关系因素是促进人们幸福感的稳定因素，我们的朋友、婚姻状态、是否有份工作（与收入无关）、社会志愿者活动、兴趣娱乐活动，这些都促进我们与人的交流。那些被测试者中，报告最高幸福感的人，有一个共性，他们都与人有密切的交往，无论是婚姻家庭、工作伙伴，还是社会贡献服务中的关系，良好的社会关系，是通往极致幸福的必要条件。

幸福的人都拥有类似的特质，他们有能力让自己拥有更多的积极特质——乐观、勇敢、觉知力、自尊、自我控制能力、乐于助人。这些特质在与人交谈或表现自我时展现出来。因此，幸福可以被称为一个人内在形式的外部展现。

在谈论压力的章节，我们也谈论过，与他人联结，去帮助他人可以给我们带来的美好感受超过我们的想象，它还能激发人们更多的潜能和力量。在积极心理学的范畴，有句话可以概括这门科学的精神——他人很重要。

来自他人的支持可能以很多形式的资源展现出来：物品、信息、爱的流动、金钱、服务、时间、地位。仔细看一下这些资源，你会发现每一样都很重要，这些资源之间也可以互相代替，因此我们需要良好的关系，在关系中，我们有很多资源可以交换、互助、互补，获得这些资源，让我们的生活运转得更好。

在一份社会支持如何帮助人们应对困境的研究中，列出了一些他人帮助的资源。

- 评价性的支持，包括有建设性的建议、反馈、肯定，以及与社会的类比。

▶情感类的支持：同情、倾听、信任、关爱、养育。

▶信息类的支持：资料、建议、意见、解决方法。

▶器具性的支持：房屋、交通、实质性的辅助和身体力行的服务。

列出这些资源和研究结论，并不是为了从关系的等价理论去证明，帮助他人对我们有益。纯粹的等价关系，只在商业模式中存在，人与人的关系超越等价关系的理论范围，在社会中广泛存在的志愿者工作，以不求回报的心服务他人，获得了更高的生活满意度与健康水平，这些都超越了等价交换理论。更不用说，在父母养育、爱情婚姻或友谊中，人们所付出的和收获的情感因素，无数的研究或事实都一再证明了，心灵会战胜头脑，人们拥有关系，养育孩子，拥有爱人和朋友，都是因为爱。

心理学家们研究关系的时候发现，婴儿从一出生就需要依赖关系，例如，很多孤儿院中的孩子，仅仅因为缺少爱，大部分孩子都不能存活下来。很早的时候，婴儿就具有了社会性，根据一项研究，仅仅出生1小时后，婴儿的注意力就会跟随人脸移动，它们对人脸图案更感兴趣，但是对具有一张带有混乱拼凑的人类五官的图案没有反应。婴儿在得到足够的生理照顾后，就会开始对最初照料者，或者母亲产生依恋关系。而对于能够建立安全依恋关系的孩子，他们在孩童时期对父母有信心，因此有更多的兴趣探索世界，当他们遇到挫折时，更愿意寻求关怀。安全依恋型的儿童，可以在依恋关系和自立之间找到平衡。

当孩子进入学龄阶段，安全依恋型的孩子也不需要教师太多的监督指导，更可能主动完成课业，教师对他们也更加喜爱，期望值更高。在同龄人之间，也能显示出更好的社会交往技能，也更加受到同学的欢迎。

研究表明，安全依恋模式对促进与他人的良好关系是有持续作用的，它对人的一生都有影响力。心理学家也发现，童年时期的安全依恋模式，也会在恋爱亲密关系中体现出来。

在成人亲密关系之间的安全依恋模式，体现出这些特点。

- 可以共同协作、解决问题，给予对方支持。
- 面对压力时，失落感较少。
- 不容易抑郁、神经质。
- 发生冲突时，更可能折中。
- 良好的自尊。
- 很少虐待配偶。
- 离婚概率更小。
- 需要帮助时更容易向他人寻求帮助。

能够在儿童的早期就建立安全依恋关系，是非常重要且有益的。即使有些人错过了最佳的时期，也依然有办法补救。青少年、成年人都具有情感、关怀再培养的因素，在交往中学会更多地表达自己的需求、感受，可以帮助人们更好地维护关系。

心理学家戈特曼对想要维护良好关系的人给出了这样的建议：使用积极手段和消极手段的比例必须超过 5：1。负面的语言行为杀伤力更大，在我们讲出一句责骂、怨恨的话之后，至少要再说 5 句赞美或者表扬的话，而这些积极的话语不能以暗示的行为表达，必须是明确地讲出来，我们不能期待别人可以直达我们的内心。

在一份研究中，心理学家描述了人们在回应他人时的几种方式，这里以获得一个工作机会为例子，看看这些回应的方式有什么区别。

▶积极－建设性回应（乐观）：太棒了！那你一定可以收获很多！

▶积极－破坏性回应（专注潜在负面）：可能又要饱受压榨！

▶消极－建设性回应（沉默）：那很好。

▶消极－破坏性回应（漠不关心）：今天风有点儿大。

那些经常使用积极－建设性回应的人，通常拥有更好的关系，而如果经常使用另外3种回应方式，则关系上的满意度是很低的。

有时我们不能在心里想着爱，在行为上什么都不做，也不能过于盲目的乐观。那些负面、消极可能影响到我们的幸福和社会关系，这是需要避免的。即便做不到数字上精确的5：1，更多地增加积极行为和语言，尽量避免消极行为语言，是发展良好社会关系的必要条件，这样做是因为负面的语言和行为非常具有杀伤力。在一段得以维持下去的关系中，一定是绝大多数情况都是好事，很少的情况是坏事。所以我们要着重强调积极的语言和行为。